Pocket Power

Dag Kroslid, Frank Gorzel
Doris Ohnesorge

5S – Prozesse und Arbeitsumgebung optimieren

HANSER

Bibliografische Information der Deutschen Nationalbibliothek
Die Deutsche Nationalbibliothek verzeichnet diese Publikation in der Deutschen Nationalbibliografie; detaillierte bibliografische Daten sind im Internet über http://dnb.d-nb.de abrufbar.

© 2011 Carl Hanser Verlag München
http://www.hanser.de

Lektorat: Lisa Hoffmann-Bäuml
Herstellung: Thomas Gerhardy
Layout: Der Buchmacher, Arthur Lenner, München
Grafiken: Christian Pichler, WIBERG GmbH, Salzburg
Umschlaggestaltung: Parzhuber & Partner GmbH, München
Umschlagrealisation: Stephan Rönigk
Druck und Bindung: Kösel, Krugzell
Printed in Germany

ISBN 978-3-446-42569-9
eBook-ISBN 978-3-446-42939-0

Inhalt

1 Die Welt von 5S

Im Streben nach Leistungsverbesserungen suchen Unternehmen zunehmend nach Möglichkeiten, effizienter und intelligenter zu arbeiten. In den letzten Jahrzehnten haben Verbesserungskonzepte wie Lean Manufacturing, Six Sigma und Total Productive Maintenance Schlagzeilen gemacht. Gleichzeitig gewannen weniger komplexe und pragmatische Konzepte ebenfalls an Popularität und Bedeutung.

Eines dieser einfachen Verbesserungskonzepte wird häufig als Grundlage für die berühmten und ganzheitlichen Ansätze verwendet. Da es unkompliziert ist, führt es schnell zu sichtbaren und signifikanten Ergebnissen. Das Verbesserungskonzept liefert Vorteile sowohl für das Management als auch für Mitarbeiter und bezieht sich auf einen Gegenstandsbereich, der meist stiefmütterlich behandelt wird. Er wird oft als selbstverständlich hingenommen, doch viele Unternehmen haben hier ein großes Verbesserungspotenzial. Ist ein Unternehmen in diesem Bereich auffällig gut, ist es wahrscheinlich, dass es dieses Konzept anwendet. Die Autoren dieses Buches haben als Berater und Manager seit mehr als zehn Jahren mit dieser Themenstellung zu tun und sind immer wieder von dem im Folgenden beschriebenen Konzept und seinen Ergebnissen beeindruckt.

Die Themenstellung heißt Ordnung und Sauberkeit. Das Konzept nennt sich 5S und leitet sich von den japanischen Begriffen seiri, seiton, seiso, seiketsu und shitsuke ab (Bild 1). Es berührt überwiegend operative Aufgaben, weist gleichzeitig jedoch Ähnlichkeiten mit allgemeinen Managementkonzepten auf. Einer der Pioniere von 5S, Takashi Osada, schlägt in seinem ersten Buch über 5S (in englischer Sprache) von 1991 folgende Übersetzung vor: organisation (seiri), neatness (seiton), cleaning (seiso), standardisation (seiketsu) und discipline (shitsuke). Die deutsche Übersetzung wird mit 5S oder 5A, je nach Auswahl der Anfangsbuchstaben, versucht: seiri (Sortieren; Aussortieren), seiton (Systematisieren; Aufräumen), seiso (Sauberkeit; Arbeitsplatz sauber halten), seiketsu (Standardisieren; Anordnung zur Regel machen) und shitsuke (Selbstdisziplin; alle Phasen wiederholen).

整理	整頓	清扫	清洁	素养
seiri	seiton	seiso	seiketsu	shitsuke

Bild 1: *Die fünf Phasen in japanischer Sprache*

Viele Unternehmen nutzen heute 6S, 7S oder sogar 8S, indem Elemente wie Sicherheit, Qualität, Kundenzufriedenheit und die Beteiligung von Mitarbeitern oder ähnliches hinzugefügt werden. In diesem Buch beschreiben wir das ursprüngliche 5S Konzept.

UM WAS GEHT ES?

Vorgehensweise mit integriertem Umsetzungsmodell

In seiner einfachsten Form wird 5S oft nur als hervorragende Ordnung und Sauberkeit definiert. Etwas ambitionierter wird 5S als die Gestaltung, Organisation und Standardisierung von Gegenständen in einem abgegrenzten physischen Bereich verstanden. Gegenstände sind z. B. Werkzeuge, Reinigungsmaterialien, Müll, Produktmuster, Lagerbestände, Maschinen, Verpackungsmaterialien, Hilfsmaterialien, Produktproben, Arbeitskleidung, persönliche Gegenstände, Dokumente und defekte Teile. Ein Bereich kann z. B. eine Werkshalle oder Produktionsabteilung, der Wareneingang, ein Labor, Lager oder Bürobereich sein.

Das 5S-Konzept involviert und befähigt jeden, sich dauerhaft einen zweckmäßigen und aufgeräumten Arbeitsplatz zu schaffen sowie diesen kontinuierlich zu verbessern. Ein auch häufig anzutreffendes Verständnis ist, dass 5S darauf abzielt, Werte wie Ordnung, Sauberkeit, Standardisierung und Disziplin in einen Arbeitsbereich zu integrieren.

Meistens entstehen 5S-Aktivitäten aus operativen Herausforderungen in Bezug auf Ordnung und Sauberkeit. Diese können beispielsweise sein:

▶ mangelhaft definierte Verantwortung, auch bei Schnittstellen und Gemeinschaftsbereichen,
▶ kurzfristige Aufräumaktionen bei Audits und ähnlichen Anlässen,
▶ unklare Richtlinien und fehlende Standards,
▶ hoher zeitlicher Aufwand für Suchen und Warten,
▶ Gegenstände und Arbeitsmaterialien stehen im Weg,
▶ Engpässe bei dringend benötigter Lagerfläche,
▶ Ersatzteile liegen in mehreren Bereichen und sind nicht immer bestandsgeführt,
▶ individuelle, personenbezogene Lösungen.

5S ist eine Vorgehensweise mit integriertem Umsetzungsmodell, das die fünf Phasen (1) Sortieren, (2) Systematisieren, (3) Sauberkeit, (4) Standardisieren und (5) Selbstdisziplin umfasst. Jede dieser fünf Phasen enthält klar definierte Tätigkeiten und Forderungen. Wenn das Modell in einer systematischen und gründlichen Weise umgesetzt wird, stellen diese fünf Phasen sicher, dass Ordnung und Sauberkeit auf ein höheres Niveau gebracht werden. Begleitend unterstützen standardisierte Vorgehensweisen und Konzepte wie Projekt-steuerung, Organisationsverankerung und Change Management die erfolgreiche 5S-Einführung.

TQM und Lean Management

5S ist ein Konzept des Total Quality Managements (TQM) und eignet sich sehr gut dazu, ständige Verbesserung im Unternehmen einzuführen. Unter TQM versteht man einen umfassenden (Qualitäts-)Ansatz. Dieser

▶ bezieht Kunden und Mitarbeiter mit ein,
▶ geht weg vom isolierten Funktionsbereich hin zum ganzheitlichen Denken,
▶ stellt die Qualität in den Mittelpunkt: Qualität der Arbeit, der Prozesse, der Produkte und des Unternehmens,
▶ betont die Führungsaufgabe „Qualität" und die Führungsqualität.

Ebenso wie für TQM gehört 5S auch im Lean Management zu den wichtigen Umsetzungswerkzeugen. Im Fokus von Lean Management steht die Vermeidung von Verschwendung bei gleichzeitiger Konzentration auf den Kunden. Bild 2 zeigt ein Beispiel eines umsetzungsorientierten Lean-Hauses. Dieses Rahmenwerk umfasst die jeweiligen Kernelemente, die Hauptdimensionen sowie die entsprechenden Werkzeuge und Konzepte. 5S ist in diesem Modell wesentlicher Teil der Hauptdimension Standardisierung. Die dunkelgelb hervorgehobenen Elemente in Bild 2 eignen sich besonders gut zur Weiterreise nach einer 5S-Implementierung und unterstützen Lean-Einsteiger dabei, ein Gesamtverständnis für Lean Management zu entwickeln.

Als ergänzende Literatur empfehlen wir die Pocket

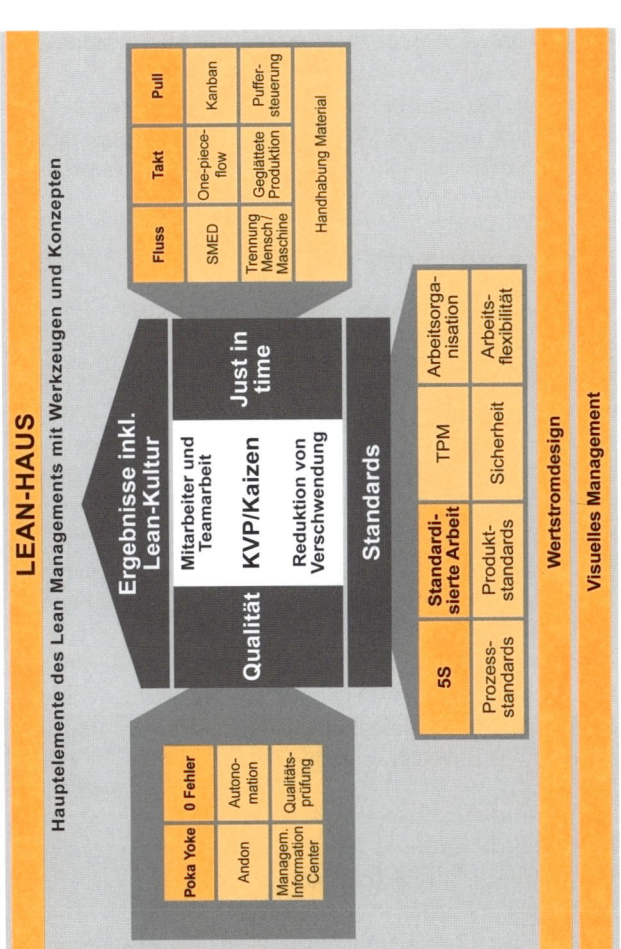

Bild 2: *Lean Haus. Die dunkelgelben Felder sind ausgewählte Werkzeuge und Konzepte für Lean-Management-Anfänger*

Power-Bände Total Quality Management, ABC des Qualitätsmanagements, Prozessmanagement, Total Productive Management, Der Kontinuierliche Verbesserungsprozess, Wertstromdesign und Lean Management. In all diesen genannten
Bänden wird 5S mit dargestellt, was auch auf die enorme Bedeutung dieses Konzepts hinweist.

WAS BRINGT ES?

Die Vorteile von 5S sind vielfältig. Der größte Nutzen sind
sichtbar saubere und organisierte Arbeitsbereiche, in denen
alle Werkzeuge, Arbeitsutensilien und unfertigen Erzeugnisse
einen definierten und nachvollziehbaren Platz haben. Ein
weiterer Vorteil ist, dass 5S die Mitarbeiter einbezieht und
ihnen die Möglichkeit gibt, ihre Arbeitssituation positiv zu
beeinflussen. Dies führt zu weniger Frustration bei den Mitarbeitern und einer nachweislich höheren Effektivität. Die
Disziplin der Mitarbeiter in Bezug auf vereinbarte Standards
und Regeln wird ebenfalls erhöht. Darüber hinaus bildet 5S
die Grundlage für die Umsetzung erweiterter Konzepte zur
Leistungssteigerung und kontinuierlichen Verbesserung, wie
z. B. Lean Management. Typische Ergebnisse einer erfolgreichen 5S-Einführung können in direkt sichtbare und indirekte Erfolge eingeteilt werden.

Direkt sichtbare Erfolge sind:
▶ einheitliche Ordnung und Standardisierung,
▶ gute Übersicht und Transparenz,
▶ verfügbare Flächen,
▶ sorgsamer Umgang mit Werkzeugen und Ausstattung,
▶ erhöhte Produktivität und Motivation.

Indirekte Erfolge sind typischerweise:
▶ Schaffung von Strukturen,
▶ Reduktion von Komplexität,
▶ Definition eindeutiger Verantwortungsbereiche,
▶ Senkung von Kosten,
▶ Reduktion von Fehlern,
▶ Verbesserung des Erscheinungsbildes (unternehmensinternes Schaufenster),
▶ Förderung des Teamgedankens,
▶ Steigerung der Arbeitsmotivation,
▶ Erhöhung der Arbeitssicherheit,
▶ Einhaltung vereinbarter Standards und Regeln.

Eines der bekanntesten Unternehmen, das 5S erfolgreich anwendet, ist die Toyota Motor Corporation. In einem englischsprachigen 5S-Handbuch der Productivity Press schrieben 1998 Jim Peterson und Roland Smith, dass Unternehmen wie Boeing, Boise Cascade, Milliken, General Motors, Hewlett-Packard und Micron schon 5S-Programme hatten. In Deutschland und Österreich sind Unternehmen wie Fischer, Palfinger, Miba, Bosch und die führenden Automobilhersteller für ihre Anwendung von 5S bekannt.

Das Buch *The 5S's: Five Keys to a Total Quality Environment* von Takashi Osada, das 1991 veröffentlicht wurde, gilt als das bahnbrechende Buch über 5S in der westlichen Welt. Es beschreibt die Grundlagen und den Inhalt von 5S und erklärt: „Wenn 5S im Unternehmen nicht erfolgreich eingeführt werden kann, so ist es auch nicht möglich, andere Arbeiten zu machen." Dazu erläutert Osada, dass „5S ein erster Indikator dafür ist, wie gut die Dinge laufen". Osada ist überzeugt, dass 5S nach dem Prinzip „Taten sagen mehr als Worte" funktioniert (Osada 1991, S. 16).

WIE GEHE ICH VOR?

Dieses Buch ist als Hilfe zur Umsetzung von 5S geschrieben und enthält Empfehlungen für Unternehmen und Praktiker, welche mit 5S anfangen möchten oder 5S bereits anwenden. Das vorliegende 5S-Umsetzungsmodell kann sowohl in kleinen und mittleren als auch Großbetrieben angewendet werden.

In den Kapiteln 2 bis 5 decken wir die wichtigsten Inhalte und Vorgehensweisen von 5S ab, gefolgt von Erläuterungen zur Organisationsverankerung, zum Change Management und zur Einführung von 5S in den Bürobereichen. Drei Fallstudien mit eigener Umsetzungserfahrung aus verschiedenen Branchen mit unterschiedlichen Schwerpunkten, Ergebnissen und Erfahrungen ergänzen die Erklärungen. Abschließend wird die Integration von 5S als Basis für den Start einer Reise zu TQM und Lean Management erläutert.

2   Umsetzungsmodell

WORUM GEHT ES?

5S ist ein handlungsorientiertes und pragmatisches Verbesserungskonzept. Die Arbeit mit 5S umfasst im Wesentlichen Hauptaktivitäten, die in logischer Abfolge innerhalb der 5S-Phasen durchgeführt werden müssen: 1. seiri (Sortieren), 2. seiton (Systematisieren), 3. seiso (Sauberkeit), 4. seiketsu (Standardisieren) und 5. shitsuke (Selbstdisziplin). Das Konzept der fünf Phasen und die in jeder Phase durchzuführenden Hauptaktivitäten bezeichnet man als das 5S-Umsetzungsmodell.

Das im Folgenden beschriebene 5S-Umsetzungsmodell ist für Produktions-, Logistik- und produktionsnahe Bereiche, wie z. B. die Qualitätssicherung und Technik, konzipiert. Eine angepasste Form für die Bürobereiche wird in Kapitel 10 vorgestellt. Bild 3 zeigt eine Übersicht des 5S-Umsetzungsmodells. Es stellt die fünf Phasen Sortieren, Systematisieren, Sauberkeit, Standardisieren und Selbstdisziplin dar und beinhaltet die Hauptaktivitäten, die innerhalb jeder Phase in einer logischen Abfolge durchgeführt werden.

2.1   Umsetzungsphasen

Phase 1 – Sortieren

Die erste Phase ist die einfachste, da sie leicht erkennbare Ergebnisse hervorbringt. In jedem Bereich werden alle Gegenstände folgender Frage unterworfen: „Ist das ein notwendiger Gegenstand für diesen Arbeitsbereich, der regelmäßig benutzt wird?" Falls die Antwort bejaht wird, verbleiben

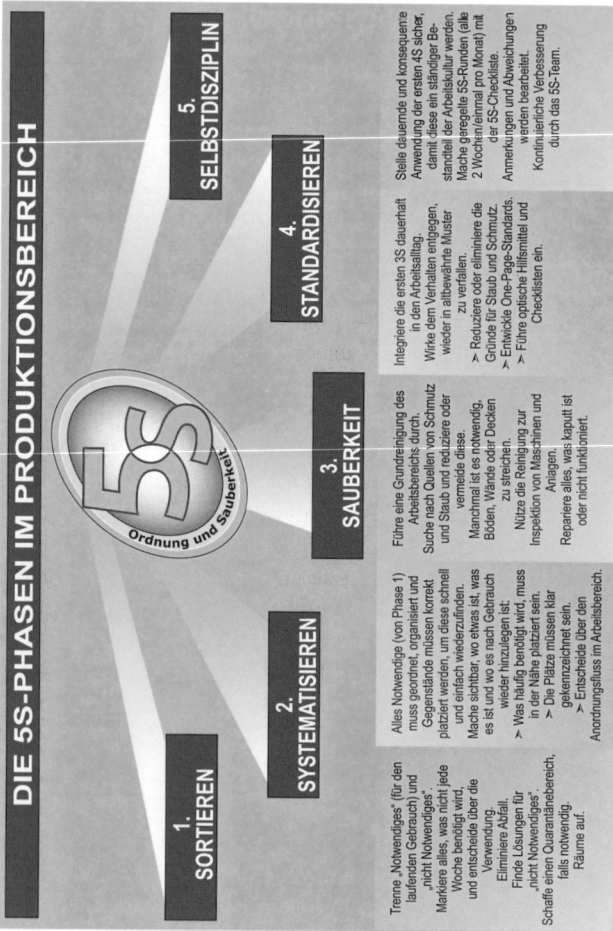

DIE 5S-PHASEN IM PRODUKTIONSBEREICH

Ordnung und Sauberkeit

1. SORTIEREN

Trenne „Notwendiges" für den laufenden Gebrauch und „nicht Notwendiges".
Markiere alles, was nicht jede Woche benötigt wird, und entscheide über die Verwendung.
Eliminiere Abfall.
Finde Lösungen für „nicht Notwendiges".
Schaffe einen Quarantänebereich, falls notwendig. Räume auf.

2. SYSTEMATISIEREN

Alles Notwendige (von Phase 1) muss geordnet, organisiert und Gegenstände müssen korrekt platziert werden, um diese schnell und einfach wiederzufinden.
Mache sichtbar, wo etwas ist, was es ist und wo es nach Gebrauch wieder hinzulegen ist:
➤ Was häufig benötigt wird, muss in der Nähe platziert sein.
➤ Die Plätze müssen klar gekennzeichnet sein.
➤ Entscheide über den Anordnungsfluss im Arbeitsbereich.

3. SAUBERKEIT

Führe eine Grundreinigung des Arbeitsbereichs durch.
Suche nach Quellen von Schmutz und Staub und reduziere oder vermeide diese.
Manchmal ist es notwendig, Böden, Wände oder Decken zu streichen.
Nütze die Reinigung zur Inspektion von Maschinen und Anlagen.
Repariere alles, was kaputt ist oder nicht funktioniert.

4. STANDARDISIEREN

Integriere die ersten 3S dauerhaft in den Arbeitsalltag.
Wirke dem Verhalten entgegen, wieder in altbewährte Muster zu verfallen.
➤ Reduziere oder eliminiere die Gründe für Staub und Schmutz.
➤ Entwickle One-Page-Standards.
➤ Führe optische Hilfsmittel und Checklisten ein.

5. SELBSTDISZIPLIN

Stelle dauernde und konsequente Anwendung der ersten 4S sicher, damit diese ein ständiger Bestandteil der Arbeitskultur werden.
Mache geregelte 5S-Runden (alle 2 Wochen/einmal pro Monat) mit der 5S-Checkliste.
Anmerkungen und Abweichungen werden bearbeitet.
Kontinuierliche Verbesserung durch das 5S-Team.

Bild 3: *Das 5S-Umsetzungsmodell*

diese Gegenstände im Arbeitsbereich. Nicht Notwendiges wird entsprechend markiert und unterteilt in Abfall, der sofort entsorgt wird (entsprechend den Vorgaben zur Abfalltrennung), und Notwendiges, das nicht so oft benötigt wird. Ein Quarantänebereich dient dazu, nicht eindeutig zuordenbare Gegenstände und solche, die einen Wert besitzen, auf einen definierten Platz zu legen, um später eine Entscheidung über die Verwendung zu treffen (Bild 4). Während dieser Phase wird der gesamte Arbeitsbereich aufgeräumt.

Phase 2 – Systematisieren

In der zweiten Phase wird der Arbeitsbereich geordnet. Alle verbliebenen Gegenstände erhalten einen definierten Platz. Die zugeordneten Plätze werden markiert. Die Anordnung der Gegenstände erfolgt nach den Kriterien der Häufig-

Bild 4: *Beispiel eines Quarantänebereichs nach Durchführung von Phase 1 (Quelle: WIBERG GmbH)*

keit und Arbeitsplatzergonomie, um einen guten Arbeitsfluss zu unterstützen. Je öfter Gegenstände benötigt werden, umso näher sollten diese am Ort der Verwendung den definierten Platz finden. Selten benutzte Gegenstände finden ihren Platz in etwas größerer Entfernung, z. B. in speziell eingerichteten Schränken oder Regalen. Zielsetzung dieser Phase ist es, im jeweiligen Arbeitsbereich eine Struktur zu schaffen, die das Auffinden von Gegenständen erleichtert – und zwar für alle Mitarbeiter im jeweiligen Bereich. Alle definierten Plätze und Anordnungen für die Gegenstände müssen entsprechend beschriftet und markiert werden.

Phase 3 – Sauberkeit

In der dritten Phase wird eine Grundreinigung des gesamten Arbeitsbereichs vorgenommen. Zudem wird nach Möglichkeiten gesucht, wie Schmutz, Staub und Unordnung in Zukunft vermieden werden. Mögliche Ergebnisse sind bei-

Bild 5: *Maschinencenter bei Aarbakke AS in Bryne, Norwegen*

spielhaft in Bild 5 ersichtlich. Oft ist es auch notwendig, beschädigte Böden und Wände zu reparieren oder zu streichen. Was Maschinen und Anlagen betrifft, können diese nach der Grundreinigung detailliert inspiziert werden, um neuen Wartungsbedarf zu identifizieren. Zum Schluss von Phase 3 werden alle schadhaften Gegenstände, Maschinen und Anlagen repariert.

Phase 4 – Standardisieren

Standardisieren im Rahmen von 5S bedeutet, die ersten drei Phasen „Sortieren", „Systematisieren" und „Sauberkeit" dauerhaft auf dem erarbeiteten Niveau zu halten. Hierfür werden Regeln und Vorgehensweisen für Ordnung und Sauberkeit in die Prozessbeschreibungen des Qualitätssystems eingearbeitet und zusätzlich in sogenannten One-Page-Standards zusammengefasst und visualisiert. One-Page-Standards stellen auf einer DIN-A4- oder -A3-Seite in einer Kombination von Text und Bildern die vereinbarten Regeln und Standards in Sachen Ordnung und Sauberkeit dar. One-Page-Standards werden gut sichtbar direkt am betreffenden Ort angebracht, z. B. an Maschinen, Regalen oder Werkbänken.

Phase 5 – Selbstdisziplin

Phase 5 besteht aus zwei Hauptaktivitäten. Erstens wird das erarbeitete Niveau von Ordnung und Sauberkeit überprüft und auditiert. Ein 5S-Zertifikat wird den jeweiligen 5S-Bereichen verliehen, wenn alle Hauptaktivitäten des 5S-Umsetzungsmodells zufriedenstellend umgesetzt worden sind. Wenn das Niveau noch nicht erreicht ist, müssen zusätzliche Verbesserungen in Form von wiederholten 5S-Phasen durchgeführt werden.

Zweitens wird Wert darauf gelegt, die Nachhaltigkeit von 5S sicherzustellen. Dies wird meistens durch regelmäßige 5S-Runden und aktive Arbeit in den sogenannten 5S-Teams erreicht. Zusätzlich wird im Rahmen der 5S-Teams ein aktives Verbesserungsmanagement gewährleistet. Diese stellen sicher, dass die Anmerkungen aus den Audits und 5S-Runden umgesetzt und zusätzliche Ideen für Verbesserungen evaluiert und realisiert werden. Auch können wiederkehrende „5S-Aktivitätstage" und 5S-Trainings die Sensibilisierung in Richtung kontinuierlicher Verbesserung stärken.

WAS BRINGT ES?

Erste Versuche und Initiativen für Ordnung und Sauberkeit wurden im Unternehmen möglicherweise bereits vorgenommen. Wahrscheinlich konnten auch kurzfristige Erfolge erzielt, jedoch kein dauerhafter Standard gehalten werden. Der Vorteil des klar definierten 5S-Umsetzungsmodells besteht darin, dass die Umsetzung der fünf Phasen in einer strukturierten und schrittweisen Einführung erfolgt und damit Zeit für die praktische Realisierung von Verbesserungen geschaffen wird. Das erreichte Niveau wird nach der 5S-Zertifizierung in zeitlichen Abständen im Rahmen von 5S-Runden begutachtet und weitere Verbesserungen werden durch die 5S-Teams forciert. Damit wird eine dauerhafte Einhaltung der gelernten und neuen Arbeitsweisen sichergestellt. Ein weiterer Nutzen besteht darin, dass alle Mitarbeiter im Unternehmen involviert werden und die einzelnen Phasen einfach und für jeden verständlich konzipiert sind. In jeder Phase gibt es auch spezifische Aktivitäten, Gruppenarbeiten und Zielsetzungen für die praktische Durchführung. Das 5S-Umsetzungsmodell bietet zudem genügend Flexibilität, um auf abteilungsspezifische Fragestellungen reagieren zu können. Das Hauptaugenmerk des 5S-Umsetzungsmodells liegt darin, einfache Lösungen für vorhandene Problemstellungen von Ordnung und Sauberkeit zu finden.

WIE GEHE ICH VOR?

Die Einführung des 5S-Umsetzungsmodells kann auf unterschiedliche Weise erfolgen, je nach zeitlichen und organisatorischen Möglichkeiten im Unternehmen. In der Praxis haben wir im Rahmen von Benchmarkingbesuchen drei unterschiedliche Einführungskonzepte beobachtet:

- ▶ Intensive Umsetzung: in ca. einer Woche.
- ▶ Systematische Umsetzung: in fünf bis zehn Wochen.
- ▶ Dynamische Umsetzung: in vier bis sechs Monaten.

2.2 Intensive Umsetzung

In manchen Fällen kann es möglich sein, die ersten vier Phasen von 5S in zwei bis fünf Tagen, abhängig von der Größe und dem Zustand der Bereiche, umzusetzen. Die Voraussetzungen dafür sind, dass zum einen alle Mitarbeiter im jeweiligen 5S-Bereich umfassend mitwirken können und zum anderen ein bereits erfahrener 5S-Manager die Umsetzung begleitet. Organisatorisch ist dies eine nicht zu unterschätzende Aufgabe, da anfallende operative Tätigkeiten vor- oder nachgearbeitet werden müssen. Die Schulung von Mitarbeitern ist unumgänglich.

Während der zwei bis fünf Tage finden sowohl Trainings der einzelnen Phasen als auch die entsprechende praktische Durchführung statt. Dadurch wird eine effiziente und konzentrierte Umsetzung von 5S möglich, sodass mehrere 5S-

Bereiche zeitnah bearbeitet werden können. Allerdings besteht auch die Gefahr, dass der enge Zeitplan praktisch nicht durchführbar ist, Mitarbeiter überfordert sind und damit keine oder nur wenig nachhaltige Ergebnisse erzielt werden können. Die Zeit, das neu Gelernte zu praktizieren, wird damit eine besondere Herausforderung nach der Einführungsphase. Vorteilhaft und zum wiederholten Training bieten sich monatliche 5S-Aktivitäten an.

2.3   Systematische Umsetzung

Eine weitere Möglichkeit, 5S einzuführen, ist die sukzessive und zeitlich versetzte Umsetzung, die fünf bis zehn Wochen Zeit benötigt. Für jede Phase werden ein bis zwei Wochen für Training, Hauptaktivitäten und die praktische Durchführung eingeplant. Die Fertigstellung der jeweiligen Phase wird bis zum nächsten Termin als Aufgabe in die Linie übergeben. Der Vorteil ist, dass entsprechend Zeit für den Veränderungsprozess und für das Verstehen der Inhalte zur Verfügung steht. Mit dieser Art und Weise der Einführung können mehrere Bereiche 5S zeitgleich bzw. zeitversetzt einführen. Ein zusätzliches Pensum an Arbeitsaufwand durch Workshops und entsprechende Aufgaben ist allerdings von den Führungspersonen und Mitarbeitern neben der Tagesarbeit zu absolvieren.

2.4   Dynamische Umsetzung

Eine weitere Möglichkeit zur Einführung besteht darin, 5S-Aktivitäten in einem Bereich über mehrere Monate hinweg umzusetzen. Die Umsetzungsverantwortung kann dabei zur Gänze der Linie übertragen werden, die die Einführung selbständig vornimmt. Optional kann eine Einführungsunterstützung von einem Lean-Team angefordert werden. Dazu sind ein genauer Einführungsplan und eine Teilung der Bereiche notwendig, um den operativen Betrieb ohne Einschränkung zu gewährleisten. Diese Art der Einführung ist zeitintensiv, hat jedoch den Vorteil, dass genügend Zeit für Trainings, die praktische Umsetzung und für den Veränderungsprozess zur Verfügung steht. Dabei muss vorausgesetzt werden, dass die Linienverantwortlichen auch tatsächlich an der Einführung arbeiten. Jedenfalls besteht bei dieser Vorgehensweise die Gefahr, dass Aktivitäten abgebrochen werden oder die Einführung aufgrund operativer Prioritäten verzögert oder sogar ausgesetzt wird.

In der praktischen Umsetzung haben sich die intensive und die systematische Implementierung durchgesetzt. Zum einen gewährleisten diese eine zeitnahe Einführung, und zum anderen sinkt auch die Wahrscheinlichkeit, dass die Umsetzung in den Anfängen der fünf Phasen stockt oder gar abgebrochen wird.

Um den Grundgedanken von 5S erfolgreich in die Umsetzung zu bringen, müssen folgende verpflichtende Bestandteile berücksichtigt werden:

- ▶ konsequente Durchführung der fünf Phasen,
- ▶ Einhaltung der Reihenfolge der fünf Phasen,
- ▶ zeitnahe Einführung der fünf Phasen,
- ▶ Definition eindeutiger Verantwortlichkeiten, auch für Schnittstellenbereiche (z. B. Gänge, Abstell- und Besprechungsräume),
- ▶ Einhaltung vereinbarter Regeln und Richtlinien,
- ▶ Definition eines Instandhaltungsteams für die Umsetzung der Reparatur- und Verbesserungsmaßnahmen,

▶ Einführung von One-Page-Standards,
▶ Evaluierung und Visualisierung der 5S-Runden.

Für die praktische Nutzung des 5S-Umsetzungsmodells ist die Berücksichtigung dieser Punkte und zusätzlicher anwendungsorientierter Elemente wie der Projektsteuerung, der organisatorischen Verankerung und des Change Managements wesentlich.

3 Praxisbeispiel 1: 5S bei einem Unternehmen der Baustoffindustrie

NorDan AS ist einer der führenden Anbieter von Fenster und Türen in Skandinavien und erwirtschaftet einen Umsatz von 200 Mio. Euro mit 1450 Mitarbeitern. Norwegen und Schweden sind mit 75 % die wichtigsten Märkte. Die restliche Produktion wird vor allem nach Großbritannien und Irland exportiert. Die Firma hat vier Produktionsstandorte in Norwegen, drei in Schweden und einen in Polen. Jedes Werk produziert einen Teil der Produktpalette.

Der größte Produktionsstandort der Gruppe liegt bei der Zentrale in der Nähe von Stavanger in Norwegen (Bild 6). Das Werk beschäftigt rund 450 Mitarbeiter und hat insgesamt eine Grundfläche von 40 000 Quadratmeter.

An diesem Standort werden etwa 50 % des Volumens des

Bild 6: *Werksgelände am Hauptsitz in Moi*

Konzerns produziert. Als einer der Autoren dieses Buches die Position des Werksleiters im Jahr 2004 übernahm, setzte er die Implementierung von 5S an vorderste Stelle.

Mit zehn verschiedenen Meisterbereichen wurde ein Plan erstellt, um 5S in allen Abteilungen innerhalb eines Zeitrahmens von sieben Monaten umzusetzen. Jeder Meisterbereich folgte einer zehnwöchigen Umsetzungsplanung (Tabelle 1). Dies entspricht dem Modell der systematischen Umsetzung.

Ein designierter 5S-Manager, ein für diese Aufgabe freigestellter Mitarbeiter (5S-Koordinator) und der Werksleiter unterstützten und leiteten die Umsetzung, wobei den Vorarbeitern und Schichtleitern bestimmte und eindeutige Verantwortlichkeiten zugewiesen wurden und man die gesamte Belegschaft gezielt einbezog. Zusätzlich spielten auch die Gewerkschaft und die Gewerkschaftsspitze eine positive Rolle bei der Planung und der Umsetzung von 5S. Sie erkannten schnell die Vorteile und unterstützten die Initiative nachhaltig.

Die Auswahl des Pilotbereichs fiel auf die Lackiererei, da diese der einzige Bereich mit Kenntnissen und Erfahrungen in 5S war.

In der ersten Phase „Sortieren" wurde eine große Anzahl

Bereich Vorarbeiter	Abteilung	Start Woche	Fertigstellung Woche
Komponentenbearbeitung	3299	41	42
Liefer- und Bestandsmanagement	3099	45	46
Rohmaterial	3199	48	49
Isolierglasproduktion	7399	48	49
Montage offene Fenster	3499	51	52
Montage fixe Fenster	3599	4	5
Oberflächenbehandlung	3699	4	5
Aluminiumverkleidung	3799	8	9

Tabelle 1: *Zehnwöchige Umsetzungsplanung*

an Containern mit Abfällen entsorgt, die jede Abteilung aussortiert hatte. Das Volumen der im Laufe der Jahre angehäuften überflüssigen Fensterteile, veralteten Werkzeuge und Verpackungsmaterialien entlang von Wänden, in Ecken und unter Treppen, war enorm. Häufig waren Begründungen zu hören wie: „Wir könnten das in Zukunft benötigen, deshalb müssen wir sie behalten." Die Antwort des 5S-Managers und Werksleiters darauf war meistens: „Wenn wir es in Zukunft brauchen, werden wir neue Arbeitsgegenstände kaufen oder neue Teile bauen. Das ist sinnvoller, als Platz für vage Eventualitäten zu reservieren." Die Anzahl der Fälle, in denen Ersatz angeschafft oder hergestellt werden musste, war gleich null.

 Werkzeuge, Komponenten und Ausrüstung, die nach der Phase des „Sortierens" und der Evaluierung noch immer im Quarantänebereich vorhanden waren, wurden bei einer Auktion während des jährlichen Sommerfestes vom Werk versteigert und der Erlös wurde dem örtlichen Krankenhaus gespendet.

Ein wesentliches Merkmal der Standardisierungsphase war der Beschluss, neue Werkbänke und Schränke anzuschaffen, um eine einheitliche Lösung für das Werk zu erhalten. Wo es nötig war, wurden auch neue Werkzeuge gekauft. Dies sicherte einen einheitlichen Standard für das gesamte Werk. Ein im Voraus nicht bedachter Punkt bei der Durchführung von Phase 2 waren die Lieferzeiten für die Werkbänke und Schränke. In einigen Abteilungen verzögerte sich dadurch der Fortschritt von 5S. Bild 7 zeigt den Reparaturbereich der Lackiererei vor und nach der Umsetzung von 5S.

Mit Produktionshallen aus den 1950er- und 1960er-Jahren musste die dritte Phase „Sauberkeit" auf die Reinigung und das Streichen von Wänden, Böden und sogar Decken er-

Bild 7: *Reparaturbereich in der Lackiererei vor und nach der Umsetzung von 5S*

weitert werden. Das war ein umfangreiches Unterfangen, an dem große Teams von Mitarbeitern, Wartungspersonal und externen Unternehmen beteiligt waren. Die Planung wird in Tabelle 2 dargestellt. Die Reparatur und Reinigung wurde an einem Wochenende vorgenommen und das Streichen am darauffolgenden. Durch die gründlichen und umfassenden Arbeiten während der dritten 5S-Phase wurde jedem klar, wie viel dem Management an der erfolgreichen Einführung von 5S lag.

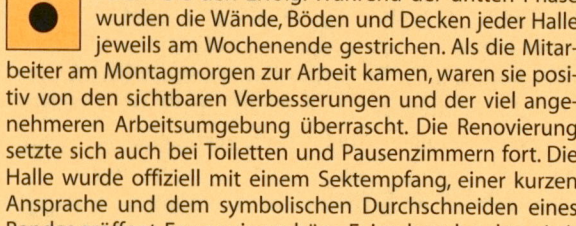

Feiern Sie den Erfolg: Während der dritten Phase wurden die Wände, Böden und Decken jeder Halle jeweils am Wochenende gestrichen. Als die Mitarbeiter am Montagmorgen zur Arbeit kamen, waren sie positiv von den sichtbaren Verbesserungen und der viel angenehmeren Arbeitsumgebung überrascht. Die Renovierung setzte sich auch bei Toiletten und Pausenzimmern fort. Die Halle wurde offiziell mit einem Sektempfang, einer kurzen Ansprache und dem symbolischen Durchschneiden eines Bandes eröffnet. Es war eine schöne Feier der erbrachten Leistung und des Erreichens eines wichtigen Meilensteins bei der Einführung von 5S.

Woche	Hauptaktivitäten	Stunden	Beteiligte
0	Überprüfung der Bereiche, aktueller Status	1	Vorarbeiter
1	Informationsveranstaltung über 5S	1	Alle
2	Phase 1 Sortieren – Teil 1: Sortieren und „Red Tag"	2	Alle
2	Phase 1 Sortieren – Teil 2: Überprüfung Quarantänebereich	2	Tag-schicht
3	Phase 2 Systematisieren – Teil 1: Planung Systematisieren	2	Alle
4	Phase 2 Systematisieren – Teil 2: Implementierung von Lösungen der Systematisierung	3	Alle
Wochenende 4/5	Phase 3 Sauberkeit – Teil 1: Freitag Tagschicht: Maschinen abdecken	2	Tag-schicht
Wochenende 4/5	Phase 3 Sauberkeit – Teil 2: Wochenende: Reinigung Wände, Balken, Decken, Böden.	16	Instand-haltung
5	Phase 3 Sauberkeit – Teil 3: Freitag Tagschicht: Reinigung aller Maschinen und Böden, Vorbereitung für den Anstrich	8	Tag-schicht
Wochenende 5/6	Phase 3 Sauberkeit – Teil 4: Wochenende: Alle Wände und Decken streichen	12	Instand-haltung
Wochenende 5/6	Phase 3 Sauberkeit – Teil 5: Sonntagabend: Maschinen abdecken und Boden reinigen	8	Instand-haltung
Wochenende 5/6	Phase 3 Sauberkeit – Teil 5: Montagmorgen: Fertigstellung; mit offiziellem Akt die „Wiedereröffnung" der Produktionshalle feiern	1	Tag-schicht
6	Phase 4 Standardisieren – Teil 1: One-Page-Standards für Reinigungsarbeiten entwickeln und die Ursachen für Staub und Schmutz finden	1	Alle
7	Phase 4 Standardisieren – Teil 2: Einführung von One-Page-Standards und Reparatur oder Reduzierung der Ursachen für Staub und Schmutz	1	Alle
8	Phase 5 Selbstdisziplin – Teil 1: 5S-Runden und Weiterentwicklung	1	Alle
9	Phase 5 Selbstdisziplin – Teil 2: Zertifizierung	1	Alle

Tabelle 2: *Aktivitäten inklusive Einplanung Wochenende*

In der Standardisierungsphase wurden im gesamten Werk One-Page-Standards eingeführt. Um die 5S-Bereiche bei der Entwicklung der One-Page-Standards zu unterstützen, wurde ein in der technischen Abteilung tätiger ehemaliger Fotograf für einige Monate zu 50 % für das 5S-Projekt abgestellt. In Bezug auf Staub und Verschmutzungen gibt es in der holzverarbeitenden Industrie eine Menge Ursachen, von den Hobelspänen zu Beginn des Produktionsprozesses bis zum Pulver der Glasleisten am Ende. Für viele der Ursachen für Staub und Schmutz wurden gute Lösungen gefunden, die es grundsätzlich erleichterten, die Produktionsbereiche sauber zu halten.

Die verschiedenen Meisterbereiche folgten im Großen und Ganzen dem 5S-Umsetzungsplan und erzielten sichtbare und bedeutende Verbesserungen für die Organisation sowie in Bezug auf Sauberkeit der Produktions- und Lagerhallen. Die fünfte 5S-Phase begann immer mit einer Art 5S-Probezertifizierung, um zu überprüfen, welches Niveau von Ordnung und Sauberkeit der 5S-Bereich erreicht hatte, ob die Teams alle Hauptaktivitäten von 5S umgesetzt hatten und ob weitere Verbesserungen notwendig waren.

Eine Woche nach dieser Probezertifizierung wurde das echte Zertifizierungsaudit von der Werksleitung und dem 5S-Manager durchgeführt. In einem Meisterbereich musste das Zertifizierungsaudit aufgrund eines zu niedrigen Niveaus und gewichtiger Anmerkungen dreimal wiederholt werden. Zur Beseitigung der Mängel wurde jeweils eine Woche Zeit gegeben. Trotz der zwei zusätzlichen Wochen hat man viel gelernt und Verständnis für 5S erzielt, was letztendlich zu einer deutlichen Verbesserung des Ergebnisses geführt hat.

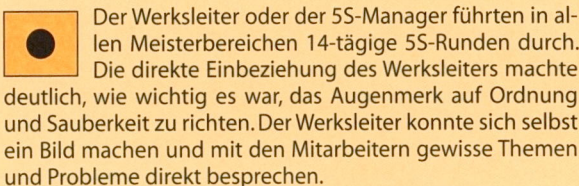

Der Werksleiter oder der 5S-Manager führten in allen Meisterbereichen 14-tägige 5S-Runden durch. Die direkte Einbeziehung des Werksleiters machte deutlich, wie wichtig es war, das Augenmerk auf Ordnung und Sauberkeit zu richten. Der Werksleiter konnte sich selbst ein Bild machen und mit den Mitarbeitern gewisse Themen und Probleme direkt besprechen.

Gewonnene Erkenntnisse:

▶ Meilensteine und Erfolge in der Umsetzung sollen gefeiert werden.

▶ Die Teilnahme möglichst vieler Mitarbeiter an den 5S-Aktivitäten ist wichtig.

▶ Es wurde mit dem Produktionssystem, das auf den Prinzipien des Lean Managements aufbaut, fortgefahren, wie in Bild 8 ersichtlich ist.

Bild 8: *Das NorDan Produktionssystem*

▶ Der operative Gewinn des Werks verdoppelte sich von 5 % auf 10 %, und dieser Erfolg wurde teilweise der 5S-Implementierung zugeschrieben.

4 Projektsteuerung

WORUM GEHT ES?

Im Praxisbeispiel 1 und auch in zahllosen anderen Unternehmen hat sich gezeigt, dass 5S eine sorgfältige Vorbereitung und Planung erfordert, um erfolgreich umgesetzt werden zu können. Die Projektsteuerung von 5S beruht auf Plänen, die einen umfassenden Überblick über die durchzuführenden Aktivitäten und die erforderlichen Ressourcen geben.

WIE GEHE ICH VOR?

Ein gutes Management der Einführung von 5S enthält alle Bausteine aus dem klassischen Projektmanagement: einen Zeitplan mit Aktivitäten, Meilensteinen und einer Ressourcenplanung für die wesentlichen Projektbeteiligten wie Auftraggeber, 5S-Manager, Berater, die betroffenen Führungskräfte und deren Abteilungen.

 Unrealistische Terminsetzungen, die zu Verschiebungen oder unvorbereiteten Workshops führen, schaden der Wahrnehmung von 5S und geben Kritikern Oberwasser. Die Hauptprinzipien von 5S – Ordnung und Sauberkeit – beinhalten auch eine gute, realistische Planung und Durchführung der Einführung.

In der Praxis hat es sich bewährt, die Projektdurchführung auf unterschiedlichen Planungsebenen vorzubereiten, um ein Bild über Ressourcen, die Zeitschiene und mögliche Risiken zu erhalten. Die nachfolgend beschriebene Planungsstruktur impliziert die in diesem Buch favorisierte Vorgehensweise:

▶ Abstimmung der Modalitäten zur Einführung mit der Geschäftsführung und Einbeziehung der Führungskräfte,
▶ exakte Projektplanung mit einer definierten Projektorganisation,
▶ systematische Einführung von Bereich zu Bereich mit Start in der Produktion und nachfolgender Umsetzung in den Bürobereichen.

Planungsebene 1 (Tabelle 3): Dies ist der übergeordnete 5S-Umsetzungsplan des Unternehmens, der auf einem hohen Abstraktionsniveau alle Maßnahmen, auch die begleitenden und optional nachfolgenden, integriert, die 5S für eine erfolgreiche und nachhaltige Einführung benötigt. Dieser dient z. B. als Grundlage zur Verabschiedung des Projektplans vor dem Lenkungsausschuss oder um den nur teilweise involvierten Bereichen wie Personal oder Betriebsrat einen Überblick zu verschaffen.

Nach erfolgreichem Abschluss der fünf Phasen werden weitere Maßnahmen zur Verankerung des Lean-Gedankens und zur Absicherung und Weiterentwicklung der erzielten Ergebnisse getroffen.

Planungsebene 2 (Tabelle 4): Dies ist der Umsetzungsplan für die 5S-Bereiche, der darstellt, wann und wie lange die Einführung in den einzelnen Bereichen dauert.

Planungsebene 3 (Tabelle 5): Hier wird der Standardumsetzungsplan eines 5S-Bereichs dargestellt, der den Führungskräften und Mitarbeitern die Hauptaktivitäten vermittelt.

Planungsebene 4 (Tabelle 6): Hier erfolgt die Ausarbeitung des Detailplans für jeden einzelnen 5S-Bereich. Detailliert geplant werden neben der jeweiligen Aktivität die genaue Zeit sowie die Namen der Teilnehmer und der verantwortlichen

Projektplan „Einführung" 5S

Wann?	Wie lange?	Was?		
Vorphase: Commitment zu 5S	Monat 1	Diskussion im Topmanagement	Vorstellung bei den Führungskräften	Benchmarking: Was & wie machen es andere?
Nach Entscheidung für 5S: Organisatorische Verankerung	Monat 2	Festlegung Auftraggeber/Sponsor	Installation 5S-Manager und andere 5S-Mitarbeiter	Entscheidung Berater
Planung der konkreten Einführung	Monat 3	Erstellung Gesamtplan	Erstellung Detailplan für die einzelnen Bereiche	Start der Kommunikation 5S
Einführung: Durchführung der 5 Phasen	Monat 4–xx (je nach Größe des Unternehmens)	Jeweils Start mit Pilotbereich in einem Produktionsbereich	Ausrollen auf die anderen Bereiche	Start mit 5S in den Bürobereichen (Anpassung der Vorgehensweise)
Nach Beendigung Phase 5: 5S-Leben	Nach Beendigung Phase 5	Übergabe 5S-Diplome & Incentives, Installation von 5S-Runden	Arbeit an Verbesserungen in den 5S-Teams	Durchführung weiterer 5S-Trainings
Frühestens nach Stabilisierung 5S: Weiterentwicklung Richtung Lean Management	KVP: Wird nie enden > ständige Verbesserung	Prozessstandardisierung	Visualisierung	Wertstromdesign

Tabelle 3: *Übergeordneter 5S-Umsetzungsplan des Unternehmens (Quelle: WIBERG GmbH)*

5S-Bereich	Verantwortung	Januar	Februar	März	April	Mai	Juni
Wareneingang	Huber A.	■					
Mischerei	Meier T.		■				
Abfüllerei	Kain Chr.			■			
Kommissionierung	Tischler J.				■		
Versand	Schmidt F.					■	
...	...						

Tabelle 4: *5S-Umsetzungsplan für die 5S-Bereiche (Quelle: WIBERG GmbH)*

Woche	Hauptaktivität
1	5S-Informationsrunde mit allen Mitarbeitern des Bereichs
1	Workshop Sortieren (Phase 1)
2	Review Sortieren mit Auflösung der Quarantänebereiche
2	Workshop Systematisieren (Phase 2)
3	Verabschiedung der „guten Lösungen" aus Systematisieren
3	Workshop Reinigung (Phase 3)
4	Reinigung durchführen
5	Workshop Standardisieren (Phase 4)
6	Start Selbstdisziplin mit 5S-Zertifizierung (Phase 5)
7	Ständige Verbesserung
monatlich	5S-Runden

Tabelle 5: *Umsetzungsplan eines 5S-Bereichs (Quelle: WIBERG GmbH)*

Datum	Hauptaktivität	Zeit	Teilnehmer	Verantwortlich
05.01.	5S-Informationsrunde mit allen Mitarbeitern des Wareneingangs (WE)	8.00–10.00	alle WE	Huber A.
06.01.	Workshop Sortieren (Phase 1)	10.00–12.00	WE (Schicht 1)	...
...	Review Sortieren mit Auflösung der Quarantänebereiche	...	...	...
	Workshop Systematisieren (Phase 2)			
	Verabschiedung der „guten Lösungen" aus Systematisieren			
	Workshop Reinigung (Phase 3)			

Tabelle 6: *Detaillierter Umsetzungsplan für einen 5S-Bereich (Quelle: WIBERG GmbH)*

Personen, um Verbindlichkeiten für die jeweiligen Aktivitäten zu schaffen.

 Während der Einführung ist die Etablierung eines Monitorings wichtig, das den aktuellen Status der Einführung in den einzelnen Bereichen zeigt und neben Transparenz meist auch eine positive Dynamik auslöst.

WAS BRINGT ES?

Die komplette Einführung über alle Bereiche eines Unternehmens ist ein komplexes Projekt mit meist vielen Höhen und Tiefen. Ein gut fundiertes, starkes und stringent konzipiertes Management der Einführung von 5S hilft, dieses mit möglichst wenig Aufsehen, Stress und Frustration einzuführen. Eine detaillierte Planung und Steuerung kann dabei unterstützen, Abweichungen schnell zu bemerken und entsprechende Maßnahmen sofort einzuleiten. Es erleichtert auch die Kommunikation mit dem Auftraggeber und Lenkungsausschuss, weil Fragen und Entscheidungen zu Ressourcen oder Abweichungen schnell und transparent beantwortet werden können.

5 Praktische Umsetzung und unterstützende Werkzeuge

Die praktische Umsetzung der fünf Phasen in einem 5S-Bereich beinhaltet eine Vorbereitungsphase, gefolgt von den fünf Phasen mit zugehörigen Hauptaktivitäten. Für die meisten Hauptaktivitäten gibt es bestimmte Werkzeuge, welche die Umsetzung strukturieren und erleichtern. Die Hauptaktivitäten können dabei durch Workshops und Gruppenarbeiten durchgeführt werden. Eine Übersicht über mögliche Gruppenarbeiten ist in Tabelle 7 dargestellt.

5S-Phasen	Nr. Gruppenarbeit	Thema
Sortieren	1	Trennung Notwendiges – nicht Notwendiges
Systematisieren	2	Den guten Platz finden
Sauberkeit	3	Grundreinigung durchführen
Standardisieren	4	One-Page-Standard
Selbstdisziplin	Diese Phase wird gemeinsam mit dem jeweiligen Verantwortlichen vom 5S-Bereich durchgeführt.	

Tabelle 7: *Übersicht Gruppenarbeiten*

5.1 Vorbereitungszeitraum

Als eine der ersten Vorbereitungsaktivitäten muss das gesamte Unternehmen in 5S-Bereiche aufgeteilt werden. Dabei ist es wichtig, dass die Grenzen der einzelnen Bereiche eindeutig definiert und in einem Gebäudeplan des Unternehmens eingezeichnet und dokumentiert werden. Idealerweise sind die 5S-Bereiche identisch mit den organisatorischen Einheiten im Unternehmen. Für jeden 5S-Bereich werden ein oder mehrere 5S-Teams mit zugehörigen 5S-Teamleitern gebildet (Bild 9). Ein 5S-Teamleiter muss nicht unbedingt Linienverantwortung tragen. Allerdings sollte die Person gute

Bild 9: *5S-Training in einem Produktionsbereich*
(Quelle: WIBERG GmbH)

Fähigkeiten in Bezug auf Ordnung und Sauberkeit mitbringen und im jeweiligen 5S-Bereich anerkannt sein.

Sobald die 5S-Bereiche definiert sind, müssen folgende Vorbereitungen getroffen werden:

▶ Art der Einführung festlegen (intensiv, systematisch oder dynamisch),
▶ Pilotbereich auswählen,
▶ Projektpläne auf Basis der vier Planungsebenen erstellen, vom übergeordneten Umsetzungsplan bis zu den Detailplänen,
▶ organisatorische Verankerung mittels der 5S-Verantwortlichen und Mitarbeiter sicherstellen.

Der Pilotbereich, also der Bereich, in dem 5S zuerst eingeführt wird, sollte sorgfältig ausgewählt werden. Es gibt hierfür grundsätzlich zwei Ansätze: (1) ein Bereich mit einem hohen Verbesserungspotenzial oder (2) der Bereich, in dem sich die Umsetzung voraussichtlich am einfachsten durchführen lässt. Wir raten zum zweiten Ansatz, da dies einen guten Anfang ermöglicht und die Organisation und die Schlüsselpersonen dadurch wertvolle Erfahrungen sammeln können.

Der Kick-off für die 5S-Umsetzung ist eine Informationsveranstaltung für die Führungskräfte aller Ebenen. Dort werden die fünf Phasen erklärt und auch Hintergrundinformationen vermittelt. Danach kann die Umsetzung von 5S im Pilotbereich starten.

 Vor dem ersten Termin im jeweiligen 5S-Bereich lohnt es sich, die definierten Räumlichkeiten aufzusuchen, um den aktuellen Status von Ordnung und Sauberkeit aufzunehmen. Wichtig ist dabei, Fotos von den Räumlichkeiten und von „besonderen 5S-Herausforderungen" zu machen. Dies dient zum einen zur Vorbereitung für den 5S-Manager und sein Team und zum anderen zu Dokumentationszwecken, um den „Vorher-nachher-Effekt" besser zur Geltung zu bringen. Zudem werden aus der Sicht des Linienverantwortlichen mögliche Widerstände und Probleme innerhalb des 5S-Bereichs besprochen.

5.2 Umsetzungsphasen

Phase 1 – Sortieren

Der Erfolg einer Einführung hängt wesentlich davon ab, wie diese erste Phase im jeweiligen 5S-Bereich erlebt wird.

Daher ist eine aktive und motivierende Gruppenarbeit ein wichtiges Element.

Beim Sortieren wird jeder Winkel des 5S-Bereichs genau unter die Lupe genommen, auch jene Räumlichkeiten, die selten betreten oder genutzt werden. Alle Gegenstände im 5S-

Gruppenarbeit 1
Trennung Notwendiges – nicht Notwendiges
Wird der Gegenstand im Arbeitsbereich benötigt?
Wo wird der Gegenstand benötigt?
Von wem wird dieser Gegenstand benötigt?
Wann wurde der Gegenstand das letzte Mal benötigt?
Wie oft wird der Gegenstand in Zukunft benötigt?
Wann wird er möglicherweise in Zukunft benötigt werden? Wird dann dieser Gegenstand verwendet oder wird er dann doch neu gekauft?

Bild 10: *Gruppenarbeit zum Sortieren der 5S-Bereiche*

Bereich werden in die Hand genommen und entsprechend der Aufgabe, Notwendiges von nicht Notwendigem zu trennen, geprüft. Diese Aktivität eignet sich gut für eine Gruppenarbeit (Bild 10).

 Wenn Anlagegüter, geringwertige Wirtschaftsgüter oder auch Möbel entsorgt werden, so muss dabei eine Abstimmung mit der Buchhaltung oder Finanzabteilung erfolgen, um eine korrekte Ausbuchung zu gewährleisten und mögliche Bestandslisten aktuell zu halten.

Die Entscheidung, ob Gegenstände benötigt werden oder nicht, trifft die Gruppe gemeinsam. Notwendige Gegen-

RED TAG

ALLGEMEIN

Verantwortlich	
Datum	
Abteilung	
Gegenstand	
Anzahl	

PRÜFKRITERIUM

Nicht benötigt	
Andere Abteilung	
Verkauf	
Defekt	
Abfall	

MASSNAHME

Bild 11: *Red-Tag-Karte*

stände werden im Arbeitsbereich belassen und nicht notwendige Gegenstände in Abfall und Quarantänegegenstände unterschieden. Letztere werden mit einem Red Tag (Bild 11) gekennzeichnet und, wenn praktisch möglich, in einen Quarantänebereich gebracht. Alles, was nicht notwendig ist und keinen Wert besitzt, wird weggeworfen. Abfall wird sofort entsprechend den Vorgaben für Wertstofftrennung entsorgt.

> ● Plätze für Abfall und Quarantäne müssen definiert und entsprechend gekennzeichnet werden. Um Abfall und Quarantänegegenstände nach den Gruppenarbeiten einfacher transportieren zu können, eignen sich Paletten oder auch Gitterboxen.

Nach etwa einer Woche entscheidet die Führungskraft gemeinsam mit den Mitarbeitern des jeweiligen 5S-Bereichs über die weitere Verwendung der Gegenstände im Quarantänebereich. Typischerweise werden diese entweder entsorgt, verschenkt, verkauft oder an eine andere Abteilung übergeben. Größere Gegenstände, die nicht sofort entsorgt werden können, werden mit einer entsprechenden Abfallkarte visualisiert, um ein nochmaliges Sortieren zu vermeiden. Die weitere Verwendung der Quarantänegegenstände muss bis zum Start von Phase 2 umgesetzt sein.

 Eine einfache und effektive Regel für den Quarantänebereich ist, dass benötigte Gegenstände aus dem Quarantänebereich genommen werden dürfen. Nach ein paar Tagen werden weitere Verwendungsmöglichkeiten der übrigen Gegenstände des Quarantänebereichs beschlossen.

Nach Abschluss von Phase 1 sind die Bereiche aufgeräumt und nur noch jene Gegenstände im 5S-Bereich vorhanden, die für die tägliche Arbeit auch tatsächlich notwendig sind.

Phase 2 – Systematisieren

Phase 2 ist die kreativste Phase von 5S, birgt jedoch auch die größten Herausforderungen. In dieser Phase wird der tatsächliche Veränderungsprozess gestartet, da nun begonnen wird, die bisherigen Arbeitsweisen zu hinterfragen und neu zu ordnen. Alles Notwendige, das im Rahmen von Phase 1 im jeweiligen Bereich belassen wurde, muss nun praktisch und gut platziert und strukturiert werden. In der weiteren Abfolge

Bild 12: *Vor und nach Einführung von „Systematisieren"*
(Quelle: WIBERG GmbH)

werden die definierten Plätze dann entsprechend beschriftet
und markiert (Bild 12). Der jeweilige Markierungsstandard,
wie z.B. Schriftgröße und Farbe des Markierungsbandes,
wird üblicherweise vom 5S-Manager vorgegeben.

Die Hauptarbeit liegt darin, eine entsprechende Organisation und Struktur zu finden, die es erlaubt, Gegenstände einfach und schnell wiederzufinden. Auch werden in dieser
Phase gute Lösungen für Probleme in den Bereichen erarbeitet. Doch wann kann eine Lösung als „gut" bezeichnet werden? Die Kriterien sind, dass die Lösung „einfach" und
„für möglichst viele Personen geeignet" ist. Des Weiteren soll
die gute Lösung die Komplexität reduzieren. In einer Gruppenarbeit (Bild 13) werden die entsprechenden Plätze definiert.

Gruppenarbeit 2
Den guten Platz finden

Besuche die entsprechenden Arbeitsbereiche.
Wo ist der praktische und gute Platz für sämtliche Gegenstände?
Wie sollen die Maschinen, Anlagen und Gegenstände geordnet werden? Mache Notizen oder eine Skizze, um die wichtigsten Punkte in Erinnerung zu rufen.
Wo finden die Gegenstände in Schränken, Regalen etc. ihren guten Platz?
Wie sollen die definierten Plätze beschriftet und markiert werden?
Wie ist die gute Lösung für Hilfsmittel zur Reinigung, wie z. B. Besen, Staubsauger und Mülltonnen?
Fehlen weitere Werkzeuge oder Hilfsmittel, welche für ein effizientes Arbeiten benötigt werden?

Bild 13: *Gruppenarbeit zur Systematisierung der notwendigen Gegenstände*

 Alle Gegenstände werden so platziert, dass möglichst kurze Wege zurückgelegt werden müssen und unnötige Wege reduziert oder ganz vermieden werden (Lean-Prinzip!).

Gegenstände, die häufig verwendet werden, gehören in Griffhöhe platziert. Weniger oft benötigte Gegenstände werden in den oberen oder unteren Bereichen von Regalen, Schränken etc. gelagert. Der 5S-Manager muss bei der Einführung darauf achten, dass die Gegenstände in der richtigen Menge, im richtigen Abstand und in richtiger Höhe angeordnet werden. Alle Gegenstände, die nicht in einem Schrank oder Regal aufbewahrt werden, müssen einen fixierten Platz erhalten. Werkzeugtafeln oder andere Hilfsmaßnahmen können verwendet werden, um den Platz sichtbar zu machen. Die erarbeiteten Systematisierungen müssen den Bestimmungen der Arbeitssicherheit entsprechen.

Die endgültige Markierung wird bis zur Phase 3 durchgeführt. Damit bleibt Zeit, die beste Platzierung im Zuge der Tagesarbeit zu überprüfen und gegebenenfalls anzupassen.

Damit die notwendigen Reparaturarbeiten und Verbesserungsvorschläge so schnell als möglich umgesetzt werden können, müssen die Aktivitäten mit der Instandhaltungsabteilung koordiniert werden. Idealerweise wurde bereits vorab ein entsprechendes Instandhaltungsteam bestimmt.

 Ein zusätzlicher Workshop zur Überprüfung der Fertigstellung der Aktivitäten kann an dieser Stelle vorteilhaft sein. Einige oder alle Mitarbeiter des 5S-Bereichs überprüfen gemeinsam mit dem 5S-Trainer, dass alles sortiert und systematisiert ist. Die Ergebnisse werden allen Mitarbeitern des 5S-Bereichs vorgestellt, damit noch fehlende Themen zur Erledigung aufgenommen werden können.

Bevor mit Phase 3 – Sauberkeit – gestartet wird, müssen die Aktivitäten, die in den Gruppenarbeiten beim Systematisieren erarbeitet wurden, fertiggestellt sein. Zusammenfassend sind das:

▶ Alle Gegenstände haben ihren definierten Platz und die definierten Flächen sind markiert.
▶ Fehlende Hilfsmittel, die noch zusätzlich benötigt werden, müssen bestellt werden.

 Um zukünftige Reinigungsarbeiten zu erleichtern, müssen Flächen und Fußböden frei von Gegenständen sein. Zum Beispiel Mülltonnen auf mobile Transportwagen stellen, Reinigungsgeräte an Wandvorrichtungen aufhängen, IT-Geräte in Regale stellen etc.

Phase 3 – Sauberkeit

Durch die bereits erarbeitete Ordnung in den 5S-Bereichen werden bei der Einführung der Phase „Sauberkeit" verschmutzte Anlagen und Maschinen, Ursachen für Schmutz und Staub, fehlerhafte Teile, kaputte Böden und Wände sichtbar. Eine Übersicht darüber, was und wie gereinigt, repariert oder neu gekauft werden muss und wie dies auch in Zukunft in einem dauerhaft guten Zustand gehalten werden kann, lässt sich in einer Gruppenarbeit erstellen (Bild 14).

Die Grundreinigung findet an allen notwendigen Maschinen und Anlagen, Arbeitsplätzen, Flächen, Böden etc. statt. Manchmal wird es notwendig sein, Böden, Decken und Wände zu streichen. Je nach Ist-Zustand kann dies ein sehr großer Aufwand und eine zeitintensive Aktivität sein.

Nach der Grundreinigung werden Maschinen und Anlagen nochmals detailliert inspiziert, um eventuellen Wartungsbedarf zu identifizieren.

Gruppenarbeit 3
Grundreinigung

Für welche Bereiche, Maschinen und Anlagen, Regale, Schränke etc. soll eine Grundreinigung durchgeführt werden?

Von wem kann die Grundreinigung durchgeführt werden?

Wie können in Zukunft Staub, Schmutz und Unordnung vermieden werden?
Suche nach einfachen Möglichkeiten.

Bild 14: *Gruppenarbeit zur Vorbereitung der Grundreinigung*

Möglicherweise gibt es Bereiche, die einer besonderen Reinigung bedürfen, wie z. B. Förderstrecken, automatisierte Anlagen und Kühlanlagen. Auch hier wird eine Grundreinigung vorgenommen und eine Reinigungsanweisung mit der verantwortlichen Technikabteilung abgestimmt.

Zum Schluss werden alle nicht funktionsfähigen Teile und beschädigten Wände und Böden repariert oder erneuert.

Phase 4 – Standardisieren

Während der Einführung von 5S ist es wichtig, einfache Regeln, Richtlinien und Verfahren für Reinigung, Ordnung und Sauberkeit zu erarbeiten, die das Zusammenarbeiten in den 5S-Bereichen sowohl fördern als auch organisieren (Bild 15). Das soll dem Verhalten entgegenwirken, wieder in alt-

Bild 15: *Standardisierter Produktionsbereich (Quelle: WIBERG GmbH)*

bewährte Muster zu verfallen. Das Ergebnis sollen standardisierte Lösungen, möglichst bereichs- und abteilungsübergreifend, zu folgenden Fragestellungen sein:

▶ Wie werden Reinigungen durchgeführt und in welchen zeitlichen Abständen?
▶ Mit welchen Hilfsmitteln wird gereinigt und in welchen Bereichen?
▶ Welche Vorgaben gibt es zur Markierung von Plätzen und Bereichen?
▶ Welche optischen Hilfsmittel und Checklisten können die dauerhafte Anwendung der Standards unterstützen?
▶ Wie sollen die Bereichslager, Werkbänke und Maschinen dauerhaft organisiert werden?

Es ist wichtig, dass die erarbeiteten Regeln, Richtlinien und Verfahren für möglichst jeden nachvollziehbar und sinnvoll sind. Nur dann können sie zur Vorbeugung von Fehlern dienen.

Vor diesem Hintergrund wird die Umsetzung von Phase 4 gestartet.

 Besonders in dieser Phase wird es spürbare Veränderungen geben, da die Mitarbeiter bisherige Königreiche und Komfortzonen verlassen müssen. Die erarbeiteten Standards und Vereinbarungen gelten für alle Mitarbeiter in den Bereichen, Sonderstellungen sollen in dieser Phase vermieden werden.

Das Ergebnis der Arbeit mit Regeln, Richtlinien und Verfahren für Reinigung, Ordnung und Sauberkeit muss jetzt in die Prozessbeschreibungen des 5S-Bereichs eingearbeitet werden. Dabei wird üblicherweise ein sogenannter One-Page-Standard erstellt. Ziel eines One-Page-Standards ist es, die Zusammenarbeit zu fördern und den erarbeiteten Standard sicherzustellen. Es ist eine A4- oder A3-seitenlange Beschreibung von Spielregeln, die in diesem Bereich gelten und an die sich alle Mitarbeiter zu halten haben. Neben textlichen Beschreibungen sind Fotos des Soll-Zustandes oder andere Visualisierungen vorteilhaft. Für jeden One-Page-Standard werden mindestens zwei verantwortliche Personen bestimmt, die für die Einhaltung des definierten Standards verantwortlich sind, jedoch nicht für deren Umsetzung. Die Umsetzung muss von allen Mitarbeitern vorgenommen werden, und Abweichungen werden von den verantwortlichen Mitarbeitern kommuniziert. Ausgewählte Bereiche können beispielsweise sein: Schränke und Regale in Allgemeinbereichen, Maschinen, Anlagen, Stapler, aber auch Lagerbereiche, Kopier- und Druckerräume oder soziale Räumlichkeiten. Der inhaltliche Aufbau der One-Page-Standards lässt sich gut in Gruppenarbeiten erstellen. Bild 16 zeigt beispielhaft mögliche Fragestellungen.

Gruppenarbeit 4
One-Page-Standards

In welchen Bereichen soll ein One-Page-Standard eingeführt werden?
Welche Inhalte sollen auf dem One-Page-Standard dargestellt werden?
Wer zeichnet sich für den jeweils ausgewählten Bereich verantwortlich? Wer ist die Vertretung oder der Verantwortliche im Schichtbetrieb?
Wie kann bildhaft dargestellt werden, wie der Bereich – auch in Zukunft – auszusehen hat?

Bild 16: *Gruppenarbeit zur Erstellung von One-Page-Standards*

In der Praxis hat sich gezeigt, dass Standards die Orientierung und Strukturierung von Themen erleichtern. Ein Standard wird zuerst in der Gruppe festgelegt und anschließend für ein bis zwei Wochen im operativen Betrieb getestet. Wenn der Standard das Kriterium „gute Lösung“ erreicht hat, wird er als One-Page-Standard festgehalten. Idealerweise sollte die Darstellung in DIN A4 oder DIN A3 erfolgen und an einem geeigneten Platz ausgehängt werden (Bild 17).

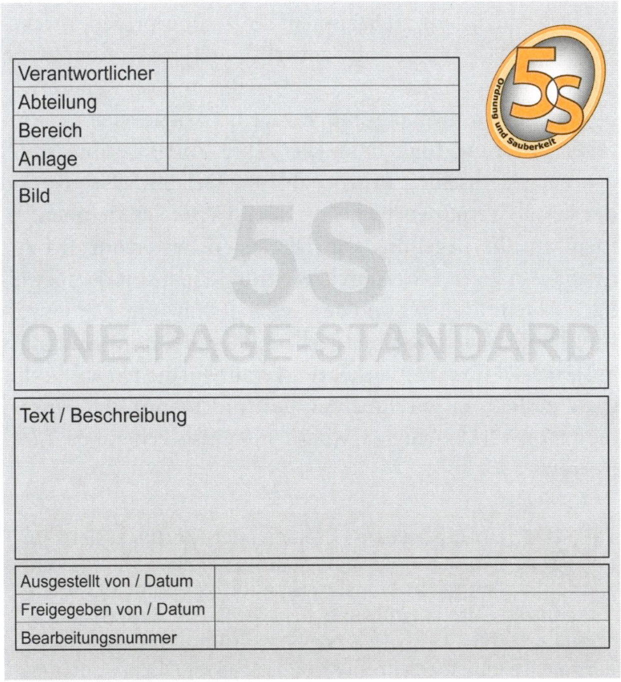

Verantwortlicher	
Abteilung	
Bereich	
Anlage	

5S Ordnung und Sauberkeit

Bild

5S ONE-PAGE-STANDARD

Text / Beschreibung

Ausgestellt von / Datum	
Freigegeben von / Datum	
Bearbeitungsnummer	

Bild 17: *Vorlage One-Page-Standard*

Während Phase 4 werden, wo es notwendig ist, auch optische Hilfsmittel und Checklisten erarbeitet. Beispielsweise die Einführung von Bodenmarkierungen von Fahr-, Geh- und Stellflächen, Bereichs- und Platzbeschilderungen, Checklisten für das Bedienen von Maschinen und Anlagen und Informationstafeln.

Phase 5 – Selbstdisziplin

In der fünften 5S-Phase ist es sinnvoll, mit einer Art 5S-Probezertifizierung zu beginnen, um zu überprüfen, welches Niveau von Ordnung und Sauberkeit erreicht worden ist, ob alle Hauptaktivitäten von 5S umgesetzt und ob weitere Verbesserungen notwendig sind. Etwa eine Woche nach der Probezertifizierung folgt dann das echte Zertifizierungsaudit, das nach demselben Prinzip abläuft. Der 5S-Manager und der jeweils Verantwortliche aus dem 5S-Bereich nehmen gemeinsam die Begehung vor. Die ersten Bewertungen führt der 5S-Manager selbst durch, eventuell sogar mit dem jeweiligen Abteilungsleiter und der Geschäftsführung. Der Bewertungsbogen wird, wie in Tabelle 8 dargestellt, im Anschluss ausgewertet und dem jeweiligen Verantwortlichen zur Verfügung gestellt. Er wird auch an der Informationstafel ausgehängt, um alle beteiligten Mitarbeiter entsprechend zu informieren.

Ein offizielles 5S-Diplom oder -Zertifikat wird im Rahmen einer Veranstaltung mit allen Mitarbeitern überreicht. Idealerweise erfolgt die Übergabe durch die Geschäftsführung zusammen mit dem 5S-Manager und schließt einen kleinen Rückblick auf das gemeinsam Erreichte mit ein. Wenn alle 5S-Bereiche ihr Diplom erhalten haben, ist die Einführung offiziell abgeschlossen.

5S-DIPLOM-BEWERTUNGSBOGEN

Datum:	Abteilung:		
Begutachter:		Durch-schnitt	2,0

1 = sehr gut   2 = gut   3 = befriedigend   4 = nicht befriedigend   5 = starke Abweichungen

5S	Nr.	Beurteilungsgegenstand	Beschreibung	1	2	3	4	5	Kommentar
Sortieren	1	Arbeitsmaterialien und -gegenstände	Gibt es Arbeitsmaterialien und -gegenstände, welche nicht mehr benötigt werden?		2				
	2	Maschinen und Arbeitsgeräte	Gibt es Maschinen und Arbeitsgeräte, welche nicht mehr benötigt werden?	1					
	3	Werkzeuge und Ersatzteile	Gibt es Werkzeuge und Ersatzteile, welche nicht mehr benötigt werden?			3			
	4	Unterlagen	Gibt es Unterlagen, welche nicht mehr benötigt werden?	1					
	5	Quarantänebereich	Sind noch Waren im Quarantänebereich?		2				
			Note			1,8			
Systematisieren	6	Markierungen	Sind Regale und Schränke markiert?		2				
	7	Platzdefinition	Haben Arbeitsmat. ihren def. Platz in Fächern, Schubladen, Schränken u. sind diese markiert?		2				
	8	Bestandsbereiche	Sind Warenbestände und Materialbestände markiert?			3			Nicht konsequent durchgeführt
	9	5S-Materialbestellungen	Sind benötigte Werkzeuge/Regale etc. geliefert und installiert?		2				
	10	Reinigungsmaterial	Ist das Reinigungsmaterial (Besen, Staubsauger, Mülltonnen) gut organisiert?		2				
			Note			2,2			
Sauberkeit	11	Grundreinigung	Ist die Grundreinigung erfolgt?		2				
	12	Boden	Ist der Boden frei von Schmutz, Wasser, Fett und Ölrückständen?		2				
	13	Maschinen und Arbeitsgeräte	Sind die Maschinen sauber und frei von Schmutz, Fett und Ölrückständen?	1					
	14	Verantwortlichkeit und Reinigungszyklus	Ist die Verantwortlichkeit für die Reinigung klar und werden die Reinigungen ausreichend durchgeführt?		2				
	15	Reparatur von beschäd. Gegenständen	Wurden beschädigte Arbeitsgeräte, Werkzeuge, Wände etc. repariert?	1					
			Note			1,6			
Standardisieren	16	Die ersten vier 5S	Sind die ersten vier 5S im Einsatz?			3			
	17	Ursachen von Staub	Wurden die Ursachen von Staub identifiziert und reduziert?			3			
	18	Verbesserungsvorschläge	Gibt es einen vereinbarten und strukturierten Weg, um Verbesserungsvorschläge zu erhalten?				4		
	19	Kontinuierliche Verbesserungsvorschläge	Gibt es einen vereinbarten und strukturierten Weg für kontin. Verbesserungsvorschläge?				4		
	20	One-Page-Standard	Sind One-Page-Standards eingeführt und in Gebrauch?	2					
			Note			3,2			
Selbstdisziplin	21	Training	Sind alle Mitarbeiter in 5S geschult?	1					
	22	5S-Runden	Gibt es einen definierten Zeitplan für die 5S Runden in den Abteilungen?		2				
	23	Arbeitsmaterialien und -gegenstände	Sind Arbeitsmaterialien und -gegenstände am def. Platz und innerhalb der def. Markierungen?			3			
	24	One-Page-Standard	Sind die One-Page-Standards aktuell und gibt es regelmäßige Updates?	1					
	25	Informationstafel	Ist der Inhalt der Informationstafel aktuell?	1					
			Note			1,4			
Anmerkungen allgemein		One-Page-Standards sind vorbildlich! Bitte Standard halten und weiterhin an Verbesserungen arbeiten!							

Tabelle 8: *Vorlage 5S-Bewertungsbogen*

Nach dem Abschluss der Einführung ist es wichtig, pro 5S-Bereich ein 5S-Diplom, wie in Bild 18 dargestellt, zu überreichen und im jeweiligen Bereich auszuhängen. Eine kleine Feier im Zuge der Zertifikatsverleihung rundet die Einführung von 5S ab.

Ein wichtiges Instrument, um 5S zu leben, ist die Einführung von 5S-Runden. Zu Beginn empfiehlt sich ein Zeitraum von zwei Wochen, in dem die jeweiligen Bereiche begutachtet werden. Je mehr 5S zur Gewohnheit wird, desto größer können die Begutachtungszeiträume werden. Auch bei den 5S-Runden empfiehlt sich ein Bewertungsbogen als Fortsetzung zum 5S-Diplom. Dieser stellt die Dokumentation von Abweichungen, aber auch die Verbesserungen im jeweiligen Bereich sicher. Die entsprechenden Ergebnisse werden an der Informationstafel ausgehängt.

Zusammenfassend die wichtigsten Zielsetzungen der 5S-Runden:

▶ Sicherstellung eines hohen Standards an Ordnung und Sauberkeit,
▶ alle Mitarbeiter für 5S motivieren,
▶ organisierte und standardisierte 5S-Bereiche schaffen,
▶ alle Mitarbeiter in die neue Arbeitskultur einbeziehen,
▶ an kontinuierlichen Verbesserungen arbeiten.

5S wird so lange trainiert und erklärt, bis jeder Mitarbeiter das Konzept und die Gedanken verstanden und verinnerlicht hat. Für neue Mitarbeiter im Unternehmen werden vom 5S-Manager und seinem Team Trainings durchgeführt. Dies können sowohl kleinere Zeiteinheiten im Rahmen von Einführungsprogrammen sein als auch intensivere Trainings am Ort des Geschehens. Wichtig ist, dass sowohl die 5S-Verantwortlichen in den Bereichen als auch der 5S-Manager

Bild 18: *Vorlage 5S-Diplom*

mit seinem Team aktiv und kontinuierlich für 5S wirken (Bild 19). Weiterhin bieten sich Besprechungen, Arbeitskreise und Qualitätszirkel an, um dauerhaft unterstützend an Standardisierungen und Verbesserungen zu arbeiten.

Die Erfahrungen während einer 5S-Einführung werden im Praxisbeispiel 2 anhand einer praktischen Umsetzung in einem Lebensmittelunternehmen beschrieben.

Bild 19: *Hohes Niveau von Ordnung und Sauberkeit (Quelle: Aarbakke AS in Bryne, Norwegen)*

6 Praxisbeispiel 2: 5S bei einem Unternehmen der Lebensmittelindustrie

Die WIBERG GmbH ist ein marktführendes, international agierendes Unternehmen der Lebensmittelindustrie mit Werken in Österreich, Deutschland, Kanada und USA. Die Kernzielgruppen Fleischwarenproduzenten und Gastronomie werden mit Kräutern, Gewürzen und Mischungen sowie verschiedenen, zum Großteil weiterverarbeiteten Handelswaren, wie z.B. Essigen, Ölen und Wursthüllen, beliefert. Kernkompetenzen liegen in der hohen Qualität der eingesetzten Rohstoffe, in der kundenspezifischen Entwicklung von regionsspezifischen Produkten und in der oft sehr kurzfristigen Lieferung weltweit. Der Exportanteil beträgt ca. 80 % und geliefert wird in mehr als 70 Länder. Mit gut 600 Mitarbeitern erzielte das Unternehmen im Jahr 2010 einen Umsatz von mehr als 129 Mio. Euro. Die Firma gilt als Qualitäts- und Innovationsführer in der Branche.

Im Jahr 2008 wurde der Umzug in ein hochmodernes, stark automatisiertes Gewürzwerk vollendet. Die Prozesse haben sich dadurch grundlegend verändert und somit auch die Anforderungen an die Mitarbeiter. Nach der Anlaufphase und Stabilisierung stellte sich die Frage, wie die neue Infrastruktur optimal nutzbar gemacht werden kann: mit kurzfristigen Produktivitätssteigerungsprojekten oder mit längerfristig angedachten Konzepten aus dem Lean Management?

Nach eingehender interner Diskussion sowie mit Benchmarkingpartnern und Beratern wurde die Entscheidung getroffen, sich auf die „etwas längere Reise" zu einem exzellenten Produktionsstandort zu begeben. Über das Konzept des

Lean Managements führte der Weg zu 5S. Entscheidend war, dass das Konzept die Möglichkeit bietet, alle Personen im Unternehmen zu beteiligen, nachhaltige Verbesserungen zu erreichen und gemeinsam weitere methodisch unterstützte Schritte zu einem „schlanken" Unternehmen zu gehen. Die ersten Trainings, der Kick-off und die Umsetzung in zwei Pilotbereichen wurden mit der Unterstützung eines Beraters gemeinsam mit dem 5S-Manager durchgeführt (Bild 20). Dies hatte den Vorteil der Anwendung einer erprobten Einführungsmethodik. Ferner wurden Pilotbereiche ausgewählt, von denen sofort sichtbare Erfolge erwartet wurden. Durch die erfolgreiche Einführung von 5S in den Pilotbereichen konnte in späteren 5S-Bereichen dem Argument entgegengewirkt werden, dass 5S in anderen Bereichen nicht funktionieren würde.

Das Konzept wurde in Deutschland und Österreich in allen Produktions- und Logistikbereichen, in produktionsnahen Bereichen, wie Technik, Facility Management und in der Qualitätssicherung, sowie in den Bürobereichen umgesetzt. Alle Abteilungen durchliefen in einem Zeitraum von jeweils zwei Monaten die einzelnen Phasen von 5S, und zwar

Bild 20: *Engagiertes 5S-Training in einem 5S-Bereich*

„Sortieren", „Systematisieren", „Sauberkeit", „Standardisieren" und „Selbstdisziplin". Bereits die ersten beiden Phasen zeigten vor allem optisch sichtbare Ergebnisse, sodass sowohl Führungskräfte als auch Mitarbeiter engagiert und motiviert an der nächsten Phase arbeiteten. Nach Abschluss der Produktions- und Logistikbereiche konnten in weiteren sechs Monaten alle unterstützenden Bereiche in die 5S-Aktivitäten eingebunden werden. Außerdem wurde die Umsetzung von 5S in den Bürobereichen begonnen und an einer effizienten Organisation der Arbeitsbereiche gearbeitet.

Ein Nebeneffekt war, dass für langjährige grundsätzliche Themen, wie Teamarbeit und Schnittstellen, aber auch für viele Führungsthemen gute Lösungen gefunden werden konnten.

Die Vorteile aus der Einführung von 5S bestehen darin, dass an den Arbeitsplätzen nun weitestgehend störungsfrei gearbeitet werden kann. Dies wiederum führt zu einer erhöhten Effizienz und Arbeitszufriedenheit: Werkzeuge, Arbeitsutensilien und Arbeitsmaterialien haben ihren definierten und markierten Platz. Demzufolge hat sich die Arbeitsqualität erheblich gesteigert, da die benötigten Werkzeuge und Materialien griffbereit benutzt werden können. Ferner wurde festgestellt, dass es weniger Diskussionen über Grauzonen gibt, da gemeinschaftlich genutzte Bereiche und Arbeitsgegenstände sowie Verantwortlichkeiten im Zuge von 5S eindeutig definiert wurden. Aus diesem Grund hat sich auch die Identifikation innerhalb der Belegschaft mit dem eigenen Bereich gestärkt und haben sich die ständige Suche und der Blick nach Optimierung geschärft.

Die pragmatische und gute Organisation der Einführung war ein wichtiger Faktor für die Akzeptanz von 5S im Unternehmen.

Die Anpassung der Bausteine von 5S zur Umsetzung erfolgte entsprechend den Zielvorgaben der Geschäftsführung und unter Berücksichtigung der Unternehmenskultur. In allen 5S-Bereichen wurden noch zusätzliche Themen wie beispielsweise die Einführung von Elementen des visuellen Managements und die Einführung von Bodenmarkierungen vorgenommen.

Die gesamte Konzeption und Umsetzung von 5S wurde als Projekt aufgesetzt. Die Auswahl der Pilotbereiche fiel auf eine große Abteilung aus der Produktion und eine kleinere Abteilung aus der Logistik. Es sollte von Beginn an vermieden werden, dass es mögliche Stimmen gibt, wie „das funktioniert bei uns einfach nicht", welche die Einführung gefährden könnten. Die Auswahl der Abteilungen orientierte sich an einem möglichst großen Bedarf an Organisation und Strukturierung sowie an der Möglichkeit, bereits nach der ersten Phase Ergebnisse sichtbar werden zu lassen. Damit konnte die Motivation zum Mitwirken gesteigert und konnten Gegenstimmen reduziert werden. Während der Umsetzung in den Pilotbereichen wurde an der Rollout-Planung gearbeitet. Zum Rollout wurde auch eine Diplomarbeit vergeben und in diesem Rahmen ein Benchmarking zu 5S vorgenommen (Winkler 2010).

Alle Abteilungen führten zeitversetzt Workshops mit entsprechenden Trainings durch. Dies ermöglichte eine zeitgleiche Umsetzung mehrerer Abteilungen. Problemverschiebungen und -abwälzungen konnten dadurch zum größten Teil vermieden werden.

Die Herausforderung während der Einführung von 5S in

einem produzierenden Betrieb für Lebensmittel bestand darin, die einzelnen Phasen in das bestehende Lebensmittelsicherheitssystem zu integrieren. Deshalb wurde von Beginn an ein besonderes Augenmerk auf die Integration der Qualitätssicherungsabteilung gelegt. Sauberkeit und Produktionssicherheit sind oberstes Gebot. Die Zertifizierungs- und Hygienevorgaben mussten daher mitberücksichtigt werden, wie z. B. bei den Reinigungsvorschriften, bei der Ausstattung von Werkzeugen oder beim Kauf von Schränken und Regalen. Ein Vorteil für die Einführung war, dass die Phase 3 – Sauberkeit – bereits in den Köpfen der Mitarbeiter verankert war. Durch die Zusammenarbeit der Hygiene- und 5S-Manager konnte das gemeinsame Ziel für Ordnung und Sauberkeit weiterentwickelt werden, wie in Bild 21 ersichtlich ist.

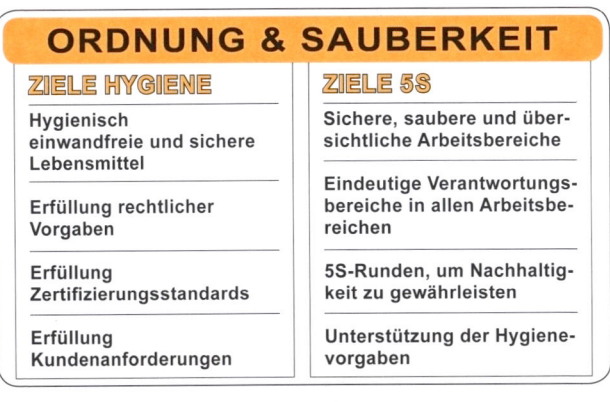

Bild 21: *Zielvorgaben der Hygiene und 5S*

Die Planung aller Hygiene- und 5S-Rundgänge wurde gemeinsam konzipiert, organisiert und folgende Vorgehensweise definiert:

▶ Jeweils ein Hygiene- und 5S-Auditor leiten den Rundgang.

▶ Erarbeitung eines Wegeplans pro Bereich, damit keine Bereiche und Räume übersehen werden.

▶ Erstellung von Fotos während des Rundgangs, um Verbesserungsvorschläge zu dokumentieren und zu visualisieren.

Zur praktischen Umsetzung startete der 5S-Manager gemeinsam mit dem Berater die erste Sensibilisierung zum Thema 5S bei einer Informationsveranstaltung, in welcher die Abteilungsleiter, die Geschäftsführung und das 5S-Team teilnahmen. Weiterhin organisierte der 5S-Manager eine Kick-off-Veranstaltung, bei der man alle Abteilungs- und Teamleiter in 5S trainierte und der Umsetzungsplan besprochen wurde.

Der Umsetzungsplan, wie in Tabelle 9 dargestellt, wurde zeitversetzt für jede Abteilung konzipiert und die Dauer pro Phase mit je drei Stunden berechnet. Um einen reibungslosen Arbeitsablauf zu gewährleisten, organisierte der 5S-Manager die Termine jeweils in den Schichtüberlappungen. Zwischen den Phasen wurde zwei Wochen Zeit gegeben, um die jeweiligen Aktivitäten fertigzustellen.

Die Trainings fanden jeweils am Ort des Geschehens, nach dem japanischen „Gemba", statt. Die Definition von Verantwortlichkeiten führte der 5S-Manager für Schnittstellen- und Graubereiche gemeinsam mit den Abteilungsleitern durch.

	WOCHE									
	1	2	3	4	5	6	7	8	9	10
Sortieren	■	■								
Systematisieren			■	■						
Sauberkeit					■	■				
Standardisieren							■	■		
Selbstdisziplin									■	■

Tabelle 9: *Zeitversetzter Umsetzungsplan*

Flexibilität in der Einführung ist ein zentrales Element, das über Erfolg oder Misserfolg entscheidet.

- Wenn die Einführung der einzelnen Phasen beim ersten Mal nicht erfolgreich ist, können diese beim nächsten Training wiederholt und kann eine nochmalige Umsetzung versucht werden.
- Auch sollte eine gewisse Zeitspanne eingeplant werden, da es manchmal längere Phasen benötigt, damit die Mitarbeiter selbständig Lösungen zu ihren Problemen finden können.
- Das Training und die Umsetzung sollen Spaß bereiten.
- Entscheidungen werden selbständig in der Gruppe durch Abstimmungen vorgenommen.

Nachdem alle fünf Phasen durchlaufen waren, hat der 5S-Manager gemeinsam mit dem 5S-Team begonnen, 5S-Runden einzuführen. Der Begriff „5S-Runden" wurde gewählt, um eine Verwechslung mit den Zertifizierungs- und Hygieneaudits zu vermeiden. Die Bewertung der 5S-Runden wird entsprechend einem Notensystem (1 entspricht sehr gut bis 5 entspricht starke Abweichungen) durchgeführt (Tabelle 8). Da eine Notengebung Vor- und Nachteile mit sich bringt, hat der 5S-Manager Regeln für die Benotung entwickelt, um zumindest dem Versuch der Objektivierung gerecht zu werden. Dabei gelten zur Bewertung folgende Regelungen:

▶ Die Bewertung erfolgt entsprechend den vorgegebenen Punkten im Bewertungsbogen (siehe Kapitel 5).

▶ Kommentare müssen von der entsprechenden Abteilung bis zur nächsten 5S-Runde umgesetzt werden.

▶ Bei positiver oder negativer Entwicklung erfolgt ein Zu- oder Abzug von +0,2/–0,2 (bei leichten Abweichungen), +0,5/–0,5 (bei mittleren Abweichungen und wiederholter

Abweichung) und +1/–1 (bei schwerer und mehrmals wiederholter Abweichung).

Die Ergebnisse der Bewertung müssen spätestens zwei Arbeitstage nach der Runde an die Abteilungs- und Teamleiter übermittelt und an der Informationstafel visualisiert werden.

Auch für die Durchführung von 5S-Runden wurde ein eigener Standard entwickelt:

▶ Offizielle 5S-Runden werden von geschulten 5S-Auditoren zu Beginn alle 14 Tage, später monatlich durchgeführt. In den Produktions- und Logistikbereichen fließen die Ergebnisse in den variablen, leistungsbezogenen Anteil der Entlohnung ein.

▶ Sollte sich ein Bereich wesentlich verschlechtern, so werden wieder 14-tägige Runden durchgeführt.

▶ Das Ergebnis der 5S-Runden wird an einer Informationstafel ausgehängt, um die Ergebnisse allen Mitarbeitern zur Verfügung zu stellen.

▶ Die 5S-Runden stellen sicher, dass ein hoher Standard an Ordnung eingehalten wird und dass diesbezüglich Fortschritte gemacht werden.

Die offizielle Übergabe eines 5S-Diploms erfolgte nach Abschluss der Einführung entsprechend den Ergebnissen der 5S-Runden in einer besonderen Veranstaltung pro Abteilung mit allen Mitarbeitern.

Agenda der 5S-Diplomübergabe:
• Offizielles Statement zu den Ergebnissen durch die Geschäftsführung.
• Rückblick zur Ausgangssituation vor Einführung von 5S und Kommunikation der Highlights mittels Fotodokumentation durch den 5S-Manager.

- Wiederholung der fünf Phasen und Fokus auf kontinuierliche Verbesserung.
- Offizielle Überreichung des 5S-Diploms durch die Geschäftsführung und den 5S-Manager.
- Überreichung eines Geschenkes (Duschtuch und Meterstab mit 5S-Logo) an alle Mitarbeiter.

Zusätzlich wurden Feedbackrunden zur 5S-Einführung gemeinsam mit Abteilungsleitern, Teamleitern und dem 5S-Manager veranstaltet.

Zusammenfassend kann die Einführung von 5S als großer Erfolg gewertet werden. Alle beteiligten Mitarbeiter arbeiteten mit viel Engagement und Energie an der Erreichung der gesetzten Ziele. In Bezug auf Widerstand ist festzuhalten, dass eher die Supportabteilung von Produktion und Logistik, wie die Technik und Qualitätssicherung, sowie Bürobereiche vor allem zu Beginn eine zentrale Herausforderung darstellten. Da aber die Einführung in den Produktions- und Logistikbereichen so gut funktionierte, sprang die 5S-Euphorie mit der Zeit auch auf diese Bereiche über. Nach circa einem Jahr „5S-Leben" sehen die Bereiche nach wie vor gepflegt und ordentlich aus. Zusätzliche Motivation für die Weiterentwicklung von 5S erhielt das Unternehmen auch durch das positive Feedback von seinen Kunden, Benchmarkingpartnern und Lieferanten, die den Produktionsstandort besichtigt hatten.

Gewonnene Erkenntnisse:

▸ Es ist möglich, auch nach anfänglichen Widerständen 5S erfolgreich in allen Bereichen eines Unternehmens einzuführen.

▸ Die Herausforderung in einem Lebensmittelunternehmen, Hygienevorgaben aus den verschiedenen Zertifizierungsanforderungen mit 5S in Einklang zu bringen, kann gut bewältigt werden.

▶ Die Investition in „Zeit" und „Zeit geben" wird nach der Einführung durch erhöhte Effizienz, Arbeitssicherheit und Produktqualität belohnt. Dies sowohl für das Unternehmen selbst als auch für die beteiligten Mitarbeiter.

▶ Die Einbindung der Geschäftsführung und Abteilungsleiter ist ein kritischer Erfolgsfaktor für die Umsetzung von 5S.

Damit 5S erfolgreich im Unternehmen durchgeführt und weiterentwickelt werden kann, bedarf es auch einer organisatorischen Verankerung, die im Folgenden beschrieben wird.

7   Organisatorische Verankerung

WORUM GEHT ES?

Neben den fünf Phasen des 5S-Umsetzungsmodells und den Werkzeugen wie One-Page-Standards oder 5S-Runden sind weitere organisatorische Verankerungen notwendig. Im Folgenden werden die Schlüsselpositionen und deren Aufgaben ebenso wie weitere Maßnahmen, die 5S in die bestehende Organisation integrieren, beschrieben. An dieser Stelle sei bereits darauf hingewiesen, dass trotz aller hier beschriebenen Maßnahmen die Verantwortung für die Umsetzung, die Einhaltung der One-Page-Standards und die Weiterentwicklung Aufgabe der Führungskräfte der jeweiligen Bereiche ist. Die Projektorganisation hilft bei der Implementierung, das Leben von 5S stellt die Linienorganisation sicher.

Neben dem Studium von Literatur zu 5S ist Benchmarking ein ideales Werkzeug, um den eigenen 5S-Einführungsprozess zielsicher konzipieren zu können (siehe auch Pocket Power-Band Benchmarking).

WAS BRINGT ES?

Um 5S nachhaltig erfolgreich zu implementieren, ist es notwendig, mit einer entsprechenden Organisation die Einführung zu begleiten. Dadurch werden den Mitarbeitern Bedeutung, Entschlossenheit und Nachhaltigkeit für 5S gezeigt. Neben den handelnden Hauptpersonen spielen die kommunikativen Maßnahmen ebenso wie die Integration von 5S in das Tagesgeschäft, z. B. bei Besprechungen, in Trainings oder im Intranet, eine wichtige Rolle.

Takashi Osada erklärt in seinem Buch über 5S, *The 5S's – Five Keys to a Total Quality Environment* auch seine Sicht von Management und 5S. Was ist Management? Management bedeutet, einfache Verfahren zu entwickeln, um sicherzustellen, dass im laufenden Betrieb alles richtig gemacht wird, um jeden bei der Herstellung und Wartung von Verbesserungen zu involvieren, um den laufenden Betrieb weiterzuentwickeln, damit die Ebene der Qualitätssicherung verbessert wird. So gesehen ist es möglich, Managementgrundlagen mit 5S zu lernen. Die 5S sind einfach zu verstehende Grundsätze. Sie eignen sich für ein umfassendes Mitwirken. Somit ist 5S ein Barometer, das anzeigt, wie gut das Management und insgesamt die Beteiligung der Mitarbeiter eines Unternehmens sind.

WIE GEHE ICH VOR?

7.1 Auswahl der Schlüsselpersonen

Umsetzungen von 5S sind nur dann erfolgreich, wenn sie auch eine organisatorische Einbettung im Unternehmen gemäß dem alten Leitsatz „structure follows strategy" haben. Im Wesentlichen sind es sechs Rollen, die möglichst gut zu besetzen sind.

Der 5S-Auftraggeber (Sponsor)

Eine ganz wesentliche Rolle spielt der Auftraggeber oder Sponsor von 5S. Er entscheidet über Strategie, Zeitplan und Budget. In kleinen und mittleren Unternehmen ist der Geschäftsführer die Idealbesetzung, weil dadurch der unbedingte Wille ausgedrückt wird. In größeren Unternehmen oder Konzernen hat sich zusätzlich die Einrichtung eines

Steuerkreises oder Lenkungsausschusses bewährt, der mit in Change oder Lean Management erfahrenen Führungskräften sowie dem Betriebsrat besetzt ist. 5S sollte regelmäßig auf der Agenda der Geschäftsführersitzungen stehen, damit die Bedeutung des Themas immer wieder betont wird.

Der 5S-Manager

Eine fast ebenso wichtige Rolle für eine erfolgreiche Einführung spielen die Auswahl und das Einsetzen eines 5S-Managers, der die gesamte Einführung begleitet und steuert. Seine Hauptaufgaben sind:

- Erstellung der Einführungspläne für 5S (Inhalte, Budget und Zeitplan),
- Konzeption und Durchführung von Informationsveranstaltungen und Trainings,
- Beratung der Führungskräfte,
- Koordination der Maßnahmen,
- Reporting und Kommunikation zwischen Lenkungsausschuss und den 5S-Umsetzungsbereichen.

Vom Persönlichkeitsprofil ist der 5S-Manager idealerweise ein Multitalent mit guten Führungeigenschaften, welcher tief gehendes Wissen und praktische Erfahrung mit 5S und Lean Management hat. Er wird schnell als „Prediger" von 5S und der Lean-Philosophie an seinen Aussagen und seiner Vollkommenheit gemessen. Deshalb gehören ein hohes Maß an Eigenmotivation und eine ebenso hohe Frustrationstoleranz zu den wichtigsten Persönlichkeitsmerkmalen. Ständige Rückschläge, weil andere Themen wichtiger sind oder der disziplinäre Durchgriff nicht machbar ist, werden die Einführung begleiten.

Der 5S-Manager sollte auch überdurchschnittliche Fähigkeiten in Projektmanagement, Kommunikation zu Management und Mitarbeitern sowie Umsetzungsstärke mitbringen. Bei der Besetzung ist bereits darauf zu achten, dass 5S meist der Beginn einer Lean-Reise ist und dann weitere Themen, die umfassender in die Organisation eingreifen, folgen werden.

Auch die Positionierung und der Titel sind nicht unerheblich. Die Organisation wird mit Argusaugen die Besetzung der Stelle beobachten: Je höher die Stelle in der Hierarchie angesiedelt und je mehr sie mit Managementinsignien ausgestattet ist, desto mehr Bedeutung wird ihr zugemessen. Die Bezeichnung 5S-Manager hat vom Namen her schon mehr Gewicht als z. B. 5S-Beauftragter. Grundsätzlich ist am Anfang eine Stabsstelle in Geschäftsführungsnähe empfehlenswert, um Wichtigkeit und Nähe zu demonstrieren.

Der 5S-Berater

Am Anfang eines jeden Veränderungsprozesses ist das Wissen über den Start und die weitere Vorgehensweise meist noch diffus. Auch bei 5S werden deshalb häufig die ersten Phasen von einem Berater begleitet. Die Empfehlung ist, einen Berater zu suchen, der vor allem zu den Mitarbeitern passt. Der Großteil der Einführung spielt sich am Ort des Geschehens, in den Produktions- und Logistikbereichen ab. Deshalb sollte der Berater eine gewisse Hands-on-Mentalität mitbringen: Workshops vor Ort, wo der Berater auch praktische und gute Lösungen vorschlägt und selbst mit anpackt, zeigen Pragmatismus und Nähe zum Arbeitsumfeld der Mitarbeiter. Unserer Erfahrung nach soll der Berater bei den Vorbereitungen zur 5S-Umsetzung und bei der 5S-Einführung im ausgewählten Pilotbereich aktive Unterstützung leisten. Nach dieser ersten Phase sollen der 5S-Manager und der Rest der Organisation im Großen und Ganzen selbständig sein und den Berater nur sporadisch in Anspruch nehmen.

 5S ist ein logisches, einfaches Konzept, das nach einem gemeinsamen Pilotbereich mit dem Berater schnell durch den 5S-Manager übernommen werden kann. Das schont das Budget und bringt höhere Akzeptanz. Mit etwa drei bis sechs Monaten punktuellem Beratereinsatz sollte deshalb mindestens geplant werden.

Die Linienführungskräfte

Die Projektorganisation hilft bei der Implementierung, 5S-Leben stellt die Linienorganisation sicher. Die Linienführung mit Abteilungsleitern, Meistern, Schichtleitern, Teamleitern usw. hat eine große Aufgabe und Verantwortung. Die Linienführungskräfte haben laut Osada (1991) in seinem Standardwerk zu 5S im Grunde einen einfachen Job: Setze einfache, nachvollziehbare Vorgehensweisen und Richtlinien um; sehe zu, dass diese eingehalten werden; beziehe alle Mitarbeiter in die Erarbeitung und ständige Verbesserung dieser Vorgehensweisen und Richtlinien mit ein.

Das 5S-Team

Der Grundgedanke der Etablierung von 5S-Teams besteht darin, die Mitarbeiter näher an die verschiedenen Teilbereiche innerhalb eines 5S-Bereichs zu binden und eindeutige Verantwortlichkeiten zu schaffen. Betrachtet man z. B. einen typischen Vorarbeiterbereich, so besteht dieser aus unterschiedlichen Zonen wie Produktionsräumen, Lagerräumen, Gabelstaplern, Büros, Außenbereichen oder Garderoben. Anstatt alle für alles verantwortlich zu machen, hat es sich bewährt, die Mitarbeiter gemäß ihrer Zugehörigkeit in kleinere Teams, d. h. 5S-Teams einzuteilen, die dann für ihren jeweiligen Arbeitsbereich sowie für einen bestimmten Teil der anderen, allgemeinen Bereiche zuständig sind. Auf diese Art und Weise wird der gesamte 5S-Bereich von den 5S-Teams abgedeckt, und es ist ersichtlich, ob alle Teams mitarbeiten oder ein Team seine Aufgaben nicht erfüllt.

Der 5S-Teamleiter

Eine besonders wichtige Rolle zur Sicherung der Einführung von 5S kommt den 5S-Teamleitern zu. Für jedes 5S-Team sollte es einen Teamleiter geben. Der 5S-Teamleiter ist oft kein Linienverantwortlicher, vielmehr sollte die Person gute Fähigkeiten in Bezug auf Ordnung und Sauberkeit mitbringen und im jeweiligen 5S-Bereich anerkannt sein. Damit sind nicht nur alle Zonen eines 5S-Bereichs abgedeckt, sondern es gibt für jede Zone einen eindeutigen Kontaktpunkt für alle 5S-bezogenen Themen. Der 5S-Teamleiter leitet normalerweise auch die Teamsitzungen, die ein bedeutendes Forum für kontinuierliche Verbesserungen von 5S sind.

7.2 Kommunikation von 5S

Wenn 5S und auch seine Nachfolgethemen zum strategischen Thema erhoben werden, müssen sie auch in der Unternehmenskommunikation ihren Niederschlag finden: Unternehmensstrategie, Mitarbeiterzeitung, interne und externe

Publikationen sowie jegliche Art von Präsentationen eignen sich dazu. Wichtig ist, dass nicht nur der 5S-Manager und der Sponsor das Thema propagieren, sondern idealerweise das gesamte Führungsteam. Auch am Ort des Geschehens sollten immer wieder Ergebnisse und Neuigkeiten zu 5S kommuniziert werden.

Dabei sollte darauf geachtet werden, dass 5S geschickt mit den bestehenden Strategien und Zielen verbunden wird, damit ein als natürlich empfundener Bezug entsteht. Eine zu starke Betonung „jetzt machen wir 5S, dann wird alles besser" führt zu Ablehnung der Mitarbeiter, weil dadurch die Arbeit der Vergangenheit abgewertet wird. Da bei 5S der Eindruck entstehen kann, es gehe nur um „Ordnung und Sauberkeit", ist es ratsam, die grundsätzliche Philosophie von Lean Management, in die 5S eingebettet ist, immer wieder einfließen zu lassen.

Bei der Kommunikation ist auch darauf zu achten, dass 5S nicht zum Programm oder zur Initiative verkommt. Mitarbeiter hören genau hin, inwieweit man 5S auch „aussitzen" kann. Der nicht ganz preiswerte Königsweg ist die Kommunikation im eigenen Corporate Design: Ein Firmen-5S-Logo, standardisierte Präsentationen mit entsprechenden einheitlichen Farb- und Gestaltungsmerkmalen oder auch Geschenke mit Logo helfen, das Thema kommunikativ bei den Mitarbeitern zu verankern.

Neben der ständigen Kommunikation sind laufende Trainings für eine erfolgreiche Einführung von 5S unabdingbar. Den Führungskräften werden neben dem konkreten Einführungsplan auch der tiefere Sinn und die Einbettung von 5S in die Verbesserungsstrategie und die Lean-Welt vermittelt.

Den Mitarbeitern wird – nach Möglichkeit an ihrem Arbeitsplatz – jede Phase von 5S genau erklärt, und diese wer-

den dann sofort umgesetzt. Hierfür bieten sich Gruppenarbeiten als Arbeitsform für die Durchführung von Trainings,
das Mitwirken bei Verbesserungen und schnellen Umsetzungen an.

8 Change Management

WORUM GEHT ES?

Wer mit 5S startet und sich ernsthaft mit der Thematik beschäftigt, wird schnell erkennen, dass es sich hierbei nicht um eine „Schaufel-, Farbe- und Besenaktion" handelt, sondern um den Start einer langen und intensiven Reise. Die ersten drei Phasen von 5S können viele Antworten geben, wie Ordnung und Sauberkeit in der Organisation verankert sind. Spätestens während der Phasen „Standardisieren" und „Selbstdisziplin" befindet man sich mitten in einem Veränderungsprozess seiner Organisation.

Um diesen zu meistern, benötigt 5S neben der Hardware der fünf Phasen auch die Software: Ein begleitendes Change Management hilft entscheidend, die Widerstände gegen 5S abzubauen und eine motivierte Aufbruchsstimmung zu erzeugen (siehe auch Pocket Power-Band Change Management).

 Kernelemente eines erfolgreichen Change Managements sind:

- ein langfristiger, ganzheitlicher Ansatz: kein Programm,
- Beteiligung der Betroffenen,
- Hilfe zur Selbsthilfe,
- Ziel der gleichzeitigen Verbesserung der Leistungsfähigkeit der Organisation (Effektivität) und der Qualität des Arbeitslebens (Humanität).
(Doppler 2008; Kostka 2009)

WAS BRINGT ES?

Die Königsdisziplin des Change Managements ist es, ein durchgängiges Konzept des angstfreien Lernens zu etablieren. Da 5S in der Regel keine großen organisatorischen und personellen Zielsetzungen und Konsequenzen nach sich zieht, kann das Thema Veränderungen ohne Verunsicherung und Angst in der Organisation verankert werden. Die wirtschaftlichen Rahmenbedingungen zwingen Unternehmen, sich ständig weiterzuentwickeln. Dass ein Mensch ohne einen Anstoß wie z. B. 5S auftaut, aufwacht und sich einsichtig selbst auf den Weg zu Veränderungen macht, ist laut Doppler und Lauterburg nicht der Normalfall. 5S ist ein Glücksfall, um den Weg der Veränderungen zu beginnen.

Hiroyuki Hirano (1998) beschreibt in seinem Standardwerk *5S for Operators* die zwölf typischen Widerstände gegen die Einführung von 5S. Grundsätzlich ziehen sich Widerstände vom Vorstand bzw. der Geschäftsführung über Produktionsmitarbeiter bis zum Lehrling.

 Die zwölf typischen Widerstände gegen 5S:
- Nr. 1: Was ist so besonders an Ordnung und Sauberkeit?
- Nr. 2: Warum sollte ich – der Präsident – der Schirmherr von 5S sein?
- Nr. 3: Warum eigentlich sauber machen, wenn sowieso wieder alles schmutzig wird?
- Nr. 4: Ordnung und Sauberkeit bringen keine Wertschöpfung!
- Nr. 5: Warum beschäftigen wir uns mit solchen Unwichtigkeiten?
- Nr. 6: Wir sind mit Ordnung und Sauberkeit schon lange fertig!

- Nr. 7: Mein Arbeitsplatz sieht chaotisch aus – aber ich finde trotzdem alles!
- Nr. 8: Haben wir alles schon mal gemacht!
- Nr. 9: 5S und diese Dinge sind genau das Richtige für die Produktion!
- Nr. 10: Wir sind viel zu beschäftigt (mit dem Kunden), um uns um Ordnung und Sauberkeit zu kümmern!
- Nr. 11: Wer ist das überhaupt, der mir sagt, was ich zu tun habe?
- Nr. 12: Wir brauchen 5S gar nicht – wir wollen verkaufen; lasst uns unsere Arbeit machen!

Auf diese Killerphrasen sollte man vorbereitet sein, um Vorurteile gegen 5S im Keim zu ersticken und sofort entsprechende Argumente entgegensetzen zu können. Oft wird gemäß dem Sprichwort „Wir haben keine Zeit, den Zaun zu reparieren, weil wir die Hühner einfangen müssen" argumentiert, warum 5S nicht eingeführt werden kann.

WIE GEHE ICH VOR?

Es gibt einige wesentliche Punkte, welche nachfolgend in Anlehnung an Klaus Doppler und Christoph Lauterburg (2008) beschrieben werden, die während der Einführungsphase unbedingt beachtet werden sollen. Oft sind es Kleinigkeiten, die nicht bedacht werden und eine gut geplante Einführung zum Scheitern bringen. Diese Kleinigkeiten sind bewusst als Don'ts formuliert: Was sollte ich vermeiden?

Vermeide einen Kaltstart

Vermeide einen 5S-Kaltstart. In turbulenten Zeiten werden Mitarbeiter und Führungskräfte misstrauisch gegen alle Veränderungsaktivitäten, weil dahinter wieder ein Kosten-

oder Personaleinsparungsprogramm vermutet wird. 5S-Aktivitäten sollen nicht mit Restrukturierungs- und Rationalisierungsmaßnahmen vermischt werden. Offene Kommunikation über Gedankengut, Motivation und Sinn der 5S-Tätigkeiten trägt zu einer hohen Akzeptanz von Anfang an bei. 5S-Kick-offs und zielgruppenbezogene Informationsveranstaltungen für alle Mitarbeiter unterstützen ebenso wie begleitende Artikel in Mitarbeiterzeitungen.

Involviere alle

5S wird vor allem als ideales Modell für Produktionsarbeitsplätze dargestellt. Die Einführung von 5S bei standardisierten oder zu standardisierenden Arbeitsplätzen ist einfacher, als dort wo Mitarbeiter verschiedenartige Tätigkeiten verrichten. Weniger Suchen und mehr Finden bei weniger Fehlern wird sich dabei schnell einstellen. Gestartet werden sollte immer in diesen Bereichen, weil dort schneller sichtbare Erfolge erzielbar sind. Wenn aber die administrativen Bereiche auf Dauer nicht integriert werden, besteht die Gefahr einer Bildung von zwei unterschiedlichen Gruppen im Unternehmen, die spätestens bei der Einführung von weiteren Lean-Maßnahmen problematisch werden kann.

Während und nach Einführung von 5S zeigt sich eindeutig, wie veränderungsfähig und -willig einzelne Gruppen der Organisation auf dem Weg zu Lean sind: z. B. interne Kundenorientierung, Standardisierung von Abläufen, Management von Veränderungsprozessen. Vor allem die sogenannten Freigeister im Unternehmen aus den innovativen Bereichen stellen hierbei eine große Herausforderung dar.

Das Not-invented-here-Syndrom

5S ist so einfach und logisch, dass es eigentlich keine Argumente dagegen gibt. Je offener die Organisation bereits für Veränderungsprozesse ist, desto mehr sollte diese an der Ausgestaltung der Details beteiligt werden. Vor allem Bereiche mit strategischem Anspruch wie Controlling, Qualitätsmanagement oder Unternehmensentwicklung müssen eng eingebunden werden. Wenn die Grundkonzeption verstanden und akzeptiert ist, sollte die Weiterentwicklung von 5S grundsätzlich unter Einbeziehung der Führungskräfte erfolgen. Ein strikter Top-down-Ansatz ist zu vermeiden.

Ein positiver Nebeneffekt ist außerdem, dass 5S die Mitarbeiter, die schon immer für Ordnung und Sauberkeit gesorgt haben, wie z. B. die Reinigungskräfte, ins richtige Licht stellt und deren vergangene Bemühungen unterstreicht.

Außergewöhnliche Anforderungen an den 5S-Manager

Im Zuge von 5S stellt sich schnell die Frage, wie Führungskräfte und Mitarbeiter in einer Organisation mit implementiertem 5S aussehen sollen: Begeisterungsfähig, kreativ, kommunikativ, flexibel, leistungswillig, ergebnisorientiert und durchsetzungsstark sind genauso wichtige Eigenschaften wie kritik- oder feedbackfähig. Die Anforderungen an den neuen Typus des Mitarbeiters sind so hoch, dass jedes genannte Beispiel aus der Organisation sofort höchst kritisch verglichen wird und deshalb nicht standhalten kann. Verhaltensmuster, die es in dieser Kombination nicht gibt, sollten auch nicht propagiert werden. 5S ist ein langfristiger, stetiger Veränderungsprozess, der täglich und immer wieder den Geist der Mitarbeiter positiv beeinflussen soll. Dennoch liegt das Hauptaugenmerk von 5S auf Werten wie Ordnung und Sauberkeit. Mitarbeiter, die in diesem Bereich gut sind, werden oftmals hervorgehoben. Dies steht häufig in starkem Kontrast zu der Zeit vor der 5S-Einführung, in der andere Eigenschaften gefordert waren.

Kein Spiel mit der Angst

Wenn ein Unternehmen in einer existenzbedrohenden Krise ist, dann ist 5S mit all seinen partizipativen und motivierenden Ansätzen nicht das richtige Konzept. In diesem Fall ist straffe Führung gefragt, die top-down umgesetzt wird. Eine gleichzeitige Einführung von 5S und Krisenmanagement ist nicht zu empfehlen, weil zwangsweise 5S-Aktivitäten nach hinten gereiht werden müssen. Für ein Kostenmanagement ist 5S zu langfristig ausgerichtet, bringt kurzfristig zu wenig quantitative Effekte und benötigt zur erfolgreichen Einführung auch eine andere Grundatmosphäre im Unternehmen.

Der Etikettenschwindel

Die Mitarbeiter werden ganz genau beobachten, wie ernst es mit langfristiger Ausrichtung und Partizipation ist, ob es ein nützliches PR-Thema oder ob es ein verkapptes Kostenmanagementprogramm ist. Sobald die ersten Vorschläge nach der zweiten Phase „Systematisieren" zur Bearbeitung aufgelistet werden, wo es meistens um kleine Unterstützungen wie um Werkzeug, Schubladeneinsätze oder Haken geht, werden die Mitarbeiter merken, um was es wirklich geht. Groß angelegte Rentabilitätsrechnungen oder im schlimmsten Fall kein Feedback zu den vorgeschlagenen Maßnahmen führen dazu, dass die Skeptiker, die sowieso nicht an einer Veränderung interessiert sind und wieder eine „hidden agenda" des Managements sehen, Oberhand gewinnen. Vor allem am Anfang ist es sinnvoll, dass die Vorschläge mit den Mitarbeitern vor Ort besprochen und positiv bewertet werden, auch wenn sie noch nicht ganz entsprechen. Im Rahmen dieses Feedbacks können dann weitere Feinjustierungen im Sinne einer kontinuierlichen Verbesserung vorgenommen werden.

Mangelnde Glaubwürdigkeit

5S eignet sich ideal als vertrauensbildende Maßnahme zwischen Management und Mitarbeitern. Es kostet finanziell wenig, benötigt allerdings nicht unerhebliche Ressourcen für Kommunikation, Abstimmung und Steuerung. Die Mitarbeiter werden genau hinsehen, ob es für sie sinnvoll erscheint, aktiv mitzumachen oder abzuwarten. Jede Entscheidung wird sensibel registriert. Werden eher Maßnahmen genehmigt, die Produktivitätssteigerungen bringen, oder auch solche, die das Arbeitsumfeld für die Mitarbeiter verbessern? Der gesunde Mix ist entscheidend. Das Vertrauen, das hier erarbeitet wird, kann in Krisensituationen helfen, denn dort entscheidet Vertrauen in die Führung über Erfolg oder Misserfolg.

Zusammenfassend wird in Bild 22 dargestellt, welche Elemente für ein erfolgreiches Veränderungsmanagement berücksichtigt werden müssen.

Nachhaltige Einführung von 5S, von Hirano im Buch *5S for Operators* im Jahr 1998:
• Nr. 1: Der Geschäftsführer ist letztendlich der Verantwortliche – diese Funktion kann nicht delegiert werden!

- Nr. 2: Jede 5S-Maßnahme benötigt offizielle Befugnisse zur Umsetzung – informell funktioniert das nicht!
- Nr. 3: Alle müssen dabei sein und mitmachen – eine nachhaltige Einführung funktioniert nicht mit ein paar Mitarbeitern!
- Nr. 4: Immer wieder erklären und trainieren – jeder muss den Sinn von 5S verstanden haben!
- Nr. 5: Hartnäckig und akribisch bleiben!
- Nr. 6: Schnell und nachgiebig beim Markieren und Beschildern sein!
- Nr. 7: Das Topmanagement soll in 5S-Runden eingebunden werden!
- Nr. 8: 5S ist entscheidend für die Weiterentwicklung und das Überleben des Unternehmens!

Bild 22: *Change Management bei Einführung von 5S*

9 Praxisbeispiel 3: 5S bei einem Unternehmen der Fotovoltaikindustrie

Metallkraft ist ein norwegisches Unternehmen in der Fotovoltaikindustrie und ist auf die Wiederverwertung von Abfällen, die bei der Produktion von Solarzellen entstehen, spezialisiert. Im Jahr 2010 waren ca. 250 Mitarbeiter in Norwegen, China und Singapur beschäftigt.

Das Werk in Yangzhou, China, wurde im April 2009 eröffnet. Die Fallstudie zeigt, wie eine 5S-Umsetzung beim ersten Versuch misslang und wie die Organisation es geschafft hat, einen Neustart zu wagen und 5S langfristig erfolgreich einzuführen. Es wird auch verdeutlicht, wie 5S den Aufbau einer neuen Produktionsstätte und die Erarbeitung einfacher Standards in einer chinesischen Produktionsumgebung unterstützen kann. Zudem wird erklärt, wie auch nach zwei Produktionsjahren das Werk neu und gut instand gehalten wird.

5S ist ein wesentliches Element des Geschäftsmodells, wie in Bild 23 dargestellt. Die gesamte Organisation wurde vor Eröffnung des Werkes als Teil der Vorbereitungen für die Inbetriebnahme und Anlaufzeit in 5S ausgebildet. Die Verantwortung für 5S wurde dem Linienmanagement übertragen und ein Prozessmanager mit Erfahrung in 5S wurde zum 5S-Manager ernannt.

Für alle Gegenstände konnte ein definierter Platz gefunden und konnten Reinigungsvorgaben vereinbart und dokumentiert werden. Auch die Außenanlagen, einschließlich Rasen und Gebäude, wurden mit einbezogen.

Bei Inbetriebnahme des Werkes zeigten jedoch einige Anlagen und Betriebsmittel unerwartete Anlaufschwierigkeiten

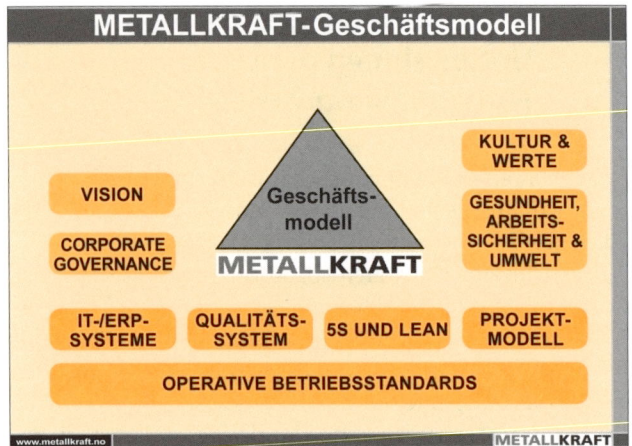

Bild 23: *Geschäftsmodell*

in Form von unzureichender Verfügbarkeit, vielen Produktionsausfällen und Pannen. Es wurde auch beobachtet, dass die Akzeptanz der vereinbarten Vorgehensweisen für Ordnung und Sauberkeit bei den Mitarbeitern mangelhaft war und sie diese deshalb auch nur unzureichend befolgten. In der Folge war es schwierig, die vierte und fünfte Phase von 5S, Standardisieren und Selbstdisziplin, zu praktizieren. Stattdessen wurde ein Mindestniveau von Ordnung und Sauberkeit durch einmal wöchentliche Reinigungsaktionen beibehalten. Die Situation wurde zusätzlich zur Herausforderung, da im Zusammenhang mit Pannen eine beträchtliche Menge an Staub und Flüssigkeiten aus den Verarbeitungsanlagen austrat.

In einer Reihe von Besprechungen mit dem Managementteam wurde diskutiert, was zu tun ist. Eine naheliegende

Maßnahme war, den Fokus weiterhin auf die Zuverlässigkeit der Anlagen zu legen, indem die Ursachen systematisch identifiziert und die Fehler beseitigt werden. Dies würde auch dazu beitragen, Staub und Flüssigkeiten in den Produktionsbereichen zu vermeiden. Darüber hinaus wurde vorübergehend zusätzliches Reinigungspersonal eingestellt, um das Werk trotz Staub und Flüssigkeiten in einem sauberen Zustand zu halten. Es wurden bessere Staubsauger für Nass- und Trockensaugung angeschafft und zusätzliche 5S-Runden abgehalten, um die einzelnen Bereiche zu bewerten. Die Vorarbeiter wurden für die Beibehaltung von Ordnung und Sauberkeit in ihren Bereichen verantwortlich gemacht.

 Ein guter Indikator, ob in einem Unternehmen Ordnung und Sauberkeit praktiziert werden, ist der Zustand der Fassaden, Parkplätze, Gärten und Grünanlagen im Freien. Ein sauberer, gepflegter und organisierter Außenbereich macht viele Beschäftigte stolz, und Besucher erhalten einen guten Eindruck. In der Fabrik in China wurden deshalb auch die Außenbereiche regelmäßig gepflegt und gereinigt. Nach zwei Jahren Produktionsbetrieb sieht das Werk immer noch gut aus, fast wie neu, was für ein chinesisches Werk als großer Erfolg gewertet werden muss.

Als das Werk die Anfangsschwierigkeiten überwunden hatte und ein stabiler Produktionsbetrieb etabliert worden war, wurde beschlossen, mit 5S noch einmal von Beginn an zu starten. Dadurch sollte sichergestellt werden, dass die Grundlagen von Ordnung und Sauberkeit von den Mitarbeitern umfassend verstanden wurden. Die Umsetzung verlief dieses Mal reibungslos, und es wurde ein sehr gutes Niveau von 5S erreicht und aufrechterhalten. Entscheidend war dabei die enge Zusammenarbeit mit den Linienverantwortlichen. In weiterer Folge konnten Mitarbeiter, die Ordnung und Sauberkeit schätzten, die Linienverantwortlichen in ihrer Funktion ablösen.

> Beim Aufbau, der Umsetzung und der Anwendung von 5S in verschiedenen Ländern gibt es Elemente der nationalen Kultur, die berücksichtigt werden müssen. Insbesondere gilt das für die Akzeptanz von Standards, Motivationsfaktoren und die Vertrautheit mit einer sauberen Umgebung. Das letztgenannte Element wurde z. B. in dem Beispiel deutlich, wo viele chinesische Mitarbeiter einfach eine andere Sicht von Ordnung und Sauberkeit hatten – und es dauerte einige Zeit, das Niveau zu erreichen, das in einem westlichen Unternehmen gefordert wird.

Gewonnene Erkenntnisse:
- ▶ Es ist möglich, mit 5S langfristig erfolgreich zu sein, obwohl der erste Versuch scheitert.
- ▶ 5S trägt dazu bei, Disziplin einzuüben und ein Verständnis für Prozesse und Standards zu erhalten.
- ▶ „Ordnung und Sauberkeit" ist ein sichtbares Indiz dafür, wie eine Fabrik und Organisation arbeitet.

10   5S im Bürobereich

WORUM GEHT ES?

Gemäß der vom Fraunhofer IPA und dem KAIZEN Institute Deutschland durchgeführten Studie *Lean Office 2006* (Wittenstein et al. 2006) wird in Bürobereichen ca. ein Drittel der Arbeitszeit verschwendet.

Von diesem Drittel verschwendeter Arbeitszeit entfallen 31 % auf Verschwendung am einzelnen Arbeitsplatz, z. B. durch Suchen nach bestimmten Informationen, Unterlagen oder Dokumenten, 51 % davon fallen auf Arbeitsprozesse, die mangelhaft abgestimmt sind, und 18 % auf sonstige, nicht wertschöpfende Tätigkeiten.

Die mangelnde Effizienz in den Bürobereichen lässt sich laut Studie auf drei wesentliche Ursachen zurückführen:

▶ Mangelnde Kundenorientierung: Bei über 80 % der Unternehmen sind noch immer mehrere Unternehmensbereiche an der Bearbeitung eines Kundenauftrags beteiligt. Die vorhandenen Schnittstellen und unzureichende Abstimmungen sind oft Ursache für stark schwankende Durchlaufzeiten und damit für eine zeitlich unzuverlässige Leistungserbringung gegenüber dem Kunden.

▶ Fehlende Prozesstransparenz: Während in Produktions- und Logistik- wie auch in Verkaufsbereichen Kennzahlen auf der Agenda stehen, fehlen diese meist bei internen administrativen Prozessen. Damit ist eine Leistungsmessung nicht möglich und auch nicht erwünscht. Oft liegt das Problem an der Nutzung der Daten und nicht an der Verfügbarkeit derselben.

▶ Mangelndes Qualitätsverständnis: Eine interne Serviceorientierung ist für viele Abteilungen noch Neuland. Deshalb stehen Rückfragen zur Bearbeitung gewisser Themen auf der Tagesordnung.

In der Studie wird zudem das Argument entkräftet, dass administrative Prozesse zu speziell für eine Standardisierung und effiziente Steuerung wären. Etwa zwei Drittel aller Geschäftsprozesse in diesen Bereichen sind heute bereits standardisiert. Es wird erwartet, dass sich der Anteil in Zukunft noch erhöhen wird.

Im Anschluss an die erfolgreiche Einführung von 5S in den Produktionsbereichen bei den Unternehmen in den Praxisbeispielen 1 und 2, NorDan AS und WIBERG GmbH, wurde in beiden Unternehmen mit der Umsetzung von 5S in den Bürobereichen begonnen. Neben den typischen Bereichen wie Verkauf, Einkauf, Controlling, Marketing, Personal und IT wurde 5S auch in Bereichen wie Arbeitsvorbereitung, Produktentwicklung und Labor implementiert. In die Umsetzung der Letzteren wurde eine Kombination der Aktivitäten aus den beiden 5S-Umsetzungsmodellen eingearbeitet, da diese sowohl Produktions- als auch Büroarbeiten durchführen.

 In den meisten 5S-einführenden Unternehmen ist es üblich, zuerst in den Produktionsbereichen mit 5S zu starten, bevor in den Bürobereichen aktiv daran gearbeitet wird.

Das Bestreben, 5S auch in den Bürobereichen einzuführen, hat sich durch Benchmarkingbesuche der Autoren bestätigt. Die Ergebnisse einer 5S-Einführung in diesen Bereichen haben eine erhöhte Effektivität und schnellere Abwicklung von Prozessaktivitäten gezeigt. Zudem wurden speziell abteilungs- und bereichsübergreifende Probleme transparent, die ineffizientes Arbeiten und Fehler auslösen. Oft sind es auch die täglichen Herausforderungen, die eine 5S-Einführung begründen:

▶ Eine deutliche Ordnung der Arbeitsumgebung fehlt.

▶ Schränke, Regale, physische und elektronische Hilfsmittel sind nicht systematisiert und markiert.

▶ Verantwortlichkeiten besonders für Schnittstellenbereiche sind nicht eindeutig definiert.

▶ Standardisierte Lösungen in den Prozessen fehlen.

▶ Eindeutige Vorgehensweisen zur Vermeidung von Fehlern sind nicht existent.

▶ Redundanzen in den physischen und elektronischen Ablagen.

Eine weitere Herausforderung im Bürobereich sind die Handhabung von Informationen und neuen Medien sowie die interne und externe Kommunikation. Schlagworte wie „meine Inbox ist mit Mails überfüllt", „Informationsüberflutung" und „interne Serviceorientierung" stellen erhöhte Organisationsverantwortung an die Mitarbeiter.

Oft wird auch das Argument vorgebracht, dass die Tätigkeiten im Bürobereich so besonders sind, dass diese nicht geordnet und standardisiert werden können. Auf der anderen Seite wird es in Zukunft immer wichtiger werden, effizienten, auf den jeweiligen Kunden angepassten und umfassenden Service zu bieten. 5S kann dafür die Basis schaffen – und möglicherweise sogar einen Vorsprung gegenüber den Mitbewerbern.

WAS BRINGT ES?

Es gibt unterschiedliche Meinungen, ob die Einführung von 5S in den Bürobereichen den gewünschten Effekt erzielt und die entsprechende Akzeptanz erfährt. In der Praxis hat sich gezeigt, dass die Einführung folgende Zwecke erfüllt:

▶ die Befähigung aller Mitarbeiter in den Bürobereichen, praktikable und organisierte Arbeitsbereiche zu schaffen und diese auch beizubehalten,

▶ die Gestaltung, Organisation und Standardisierung der Bürobereiche,

▶ die Definition eindeutiger Verantwortungsbereiche in allen Büro- und Schnittstellenbereichen,

▶ die Schaffung von Transparenz in den Abläufen und Arbeitsprozessen,

▶ die Entwicklung einer Bürokultur, in der 5S gelebt werden kann.

Ziel ist es, auch in den Bürobereichen die zentralen Gedanken von 5S zum Leben zu erwecken (Bild 24). Durch die

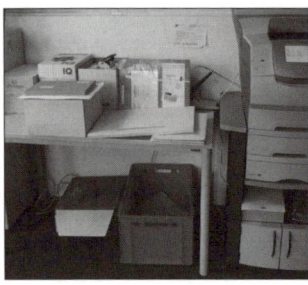 

Bild 24: *Gutes Niveau an Ordnung und Sauberkeit nach Einführung von 5S (Quelle: WIBERG GmbH)*

Einführung von 5S-Runden wird, wie in den Produktions-
und Logistikbereichen, die Nachhaltigkeit der Einführung
gewährleistet. 5S ist die Basis für gutes Büromanagement,
Teamarbeit und Disziplin.

WIE GEHE ICH VOR?

Für die Einführung von 5S wird auch hier eine Einteilung
in 5S-Bereiche mit entsprechenden 5S-Teams vorgenommen. Um eine entsprechende Durchsetzungskraft zu gewährleisten, liegt die Verantwortung zur Bewältigung der
entsprechenden Aktivitäten in der Linie – genauso wie bei
den Produktionsprozessen. Für Gemeinschafts- und Außenbereiche werden entsprechende Verantwortlichkeiten definiert. Im Unterschied zu 5S in der Produktion wird bei der
Einführung verstärkt Wert auf die Ausarbeitung spezifischer
Bürothemen gelegt. Mögliche Themen zur Bearbeitung können sein:

▶ Organisation allgemeiner Lagerräume und Archive,
▶ Überprüfung der Aufbewahrungsfristen für sämtliches
  Archivmaterial,
▶ Überprüfung von Redundanzen bei Papier- und elektro-
  nischer Ablage,
▶ Organisation der Zeitschriftenablage und Fachbücher,
▶ Erstellung einer Inventarliste für Büromöbel,
▶ Standardisierung des Büromaterials,
▶ Standardisierung der Druck- und Kopierbereiche,
▶ Standardisierung der Besprechungs- und Pausenräume.

Bei der Auswahl wichtiger Themen können die sieben Verschwendungsarten der indirekten Prozesse eine hilfreiche
Unterstützung sein (in Anlehnung an Göppel 2011):

▶ Überinformation: Informationen an einen zu großen Verteiler oder mehr Informationen als erforderlich bzw. erwünscht.

▶ Unzureichender Informationstransfer: schlechter Informationsfluss aufgrund des Bürolayouts; keine einheitliche Datenbank für allgemein genutzte Informationen.

▶ Fehler: Kalkulation unter Annahme falscher Daten; Verwendung nicht aktueller Informationen und Dokumentationen.

▶ Wartezeiten: wiederholte Rückfragen, da Informationen nicht eindeutig kommuniziert und dokumentiert werden; Unpünktlichkeit, speziell bei Besprechungen.

▶ Überbestände: Überbestellung von Büromaterial; mehrfache Datenablage; Datenfriedhöfe im Netzwerk.

▶ Ungesunde oder gefährliche Arbeitsumgebung: fehlende Ergonomie des Bildschirmarbeitsplatzes.

▶ Unnötige Bewegungen und Zeitverschwendung: Suche im Intranet, auf verschiedenen Netzlaufwerken; große Entfernungen zwischen Arbeitsplatz und Informationsspeicher (z. B. Aktenablage); schlechtes Bürolayout und schlechte Arbeitsplatzgestaltung.

▶ Fehlende Organisation der Arbeitsprozesse: kein Rückgriff auf gespeicherte Information; für Kundenanforderungen nicht erforderliche Arbeitsschritte; wiederholte Prüfvorgänge; keine Nutzung bereits bestehender Prozesse und Informationen.

Der Start erfolgt mit einer Informationsveranstaltung gemeinsam mit den Abteilungsleitern, in der auch der Umsetzungsplan besprochen wird. Das erste 5S-Training findet als Kick-off-Veranstaltung mit allen Abteilungs- und Teamleitern statt. Auch hier werden weitere Personen als Unterstüt-

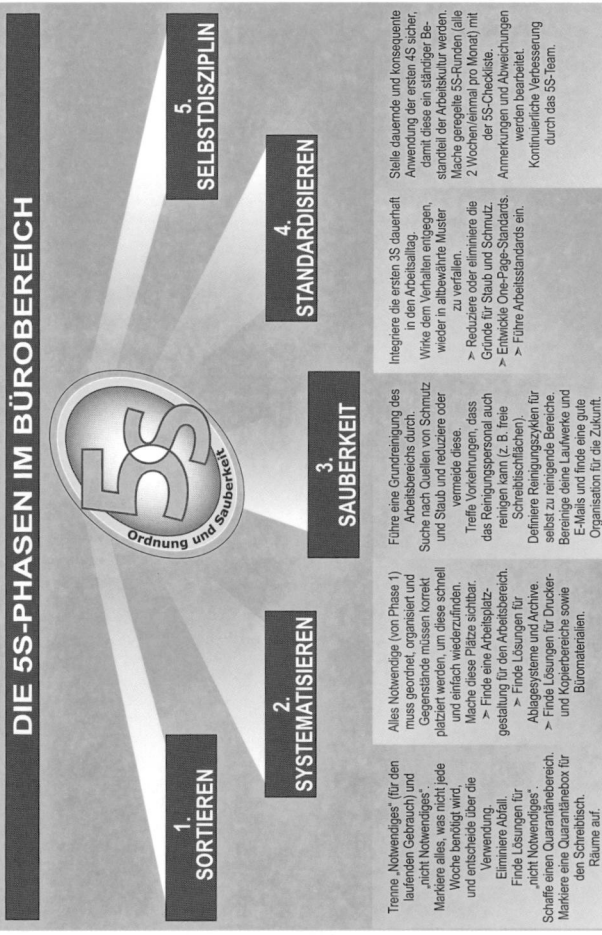

DIE 5S-PHASEN IM BÜROBEREICH

Ordnung und Sauberkeit

1. SORTIEREN

Trenne „Notwendiges" (für den laufenden Gebrauch) und „nicht Notwendiges".
Markiere alles, was nicht jede Woche benötigt wird, und entscheide über die Verwendung. Eliminiere Abfall.
Finde Lösungen für „nicht Notwendiges".
Schaffe einen Quarantänebereich. Markiere eine Quarantänebox für den Schreibtisch. Räume auf.

2. SYSTEMATISIEREN

Alles Notwendige (von Phase 1) muss geordnet, organisiert und platziert werden, um diese schnell und einfach wiederzufinden. Mache diese Plätze sichtbar.
➤ Finde eine Arbeitsplatz-gestaltung für den Arbeitsbereich.
➤ Finde Lösungen für Ablagesysteme und Archive.
➤ Finde Lösungen für Drucker- und Kopierbereiche sowie Büromaterialien.

3. SAUBERKEIT

Führe eine Grundreinigung des Arbeitsbereichs durch.
Suche nach Quellen von Schmutz und Staub und eliminiere oder vermeide diese.
Treffe Vorkehrungen, dass das Reinigungspersonal auch reinigen kann (z. B. freie Schreibtischflächen).
Definiere Reinigungszyklen für selbst zu reinigende Bereiche.
Bereinige deine Laufwerke und E-Mails und finde eine gute Organisation für die Zukunft.

4. STANDARDISIEREN

Integriere die ersten 3S dauerhaft in den Arbeitsalltag.
Wirke dem Verhalten entgegen, wieder in altbewährte Muster zu verfallen.
➤ Reduziere oder eliminiere die Gründe für Staub und Schmutz.
➤ Entwickle One-Page-Standards.
➤ Führe Arbeitsstandards ein.

5. SELBSTDISZIPLIN

Stelle dauernde und konsequente Anwendung der ersten 4S sicher, damit diese ein ständiger Bestandteil der Arbeitskultur werden.
Mache geregelte 5S-Runden (alle 2 Wochen/einmal pro Monat) mit der 5S-Checkliste.
Anmerkungen und Abweichungen werden bearbeitet.
Kontinuierliche Verbesserung durch das 5S-Team.

Bild 25: *Das 5S-Umsetzungsmodell für Bürobereiche*

zung für den 5S-Manager vor der Einführung trainiert. Der Ablauf der Umsetzung und organisatorische Maßnahmen werden auf dieselbe Art und Weise durchgeführt, wie in den Kapiteln 2 bis 5 erläutert wurde, jedoch mit deutlichen Anpassungen, wie in Bild 25 dargestellt.

Umsetzungsphasen

Phase 1 – Sortieren

Der Hauptunterschied zum Sortieren im Produktionsbereich besteht in der Art der Gegenstände, die sortiert werden. So trifft man im Büro eher auf alte Akten, Zeitschriften, nicht ordnungsgemäß entsorgte Ordner, nicht funktionierende Schreibtischutensilien und nicht mehr benötigte Informationen in elektronischer Form (Bild 26).

Bild 26: *Beispiel Quarantäne- und Abfallbereich nach Phase 1 (Quelle: WIBERG GmbH)*

Beispiele zum Aussortieren:
- Papierstapel,
- Ordner und Ablage mit der Beschriftung „Diverses" oder „Allgemeines",
- allgemeine Unordnung am Schreibtisch,
- Postkartenwände mit Urlaubsgrüßen,
- Regale mit Dekorationsgegenständen,
- obsolete physische Archive,
- nicht mehr benötigte E-Mails und Dateien,
- redundante Dateien in unterschiedlichen Laufwerken.

Phase 2 – Systematisieren

In dieser Phase werden alle Gegenstände systematisiert und gute Lösungen für z. B. Büromaterial, Kopier- und Faxbereiche erarbeitet. Bezüglich Markierungen ist anzumerken, dass es sich in der Praxis bewährt hat, für den persönlichen Schreibtischbereich lediglich Ordner und Ablagefächer zu beschriften. Das Hauptaugenmerk bei den Beschriftungen wird auf sinnvolle Markierungsplätze und eine sinnvolle Menge an Markierungen gelegt. Bei den Allgemeinbereichen wird entsprechend dem Produktionsmodell beschriftet. Die Hauptaktivitäten können gut als Gruppenarbeiten aufbereitet werden. Wichtige Fragen, die zu beantworten sind:

▶ Arbeitsplatzgestaltung: Wie sollen die Arbeitsplätze in den Bürobereichen gestaltet werden? Wie viel Platz wird für Schränke und Regale benötigt und wie sollen diese angeordnet werden?

▶ Drucker-, Fax- und Kopierbereiche: Wie ist die Anordnung? Was wird in diesen Bereichen benötigt?

▶ Büromaterial: Reicht ein „allgemeiner" Büromaterialschrank für den gesamten Bereich?

▶ Organisation von Mustern: Wie werden diese organisiert? Was wären geeignete Behälter für eine gute Systematisierung?

▶ Was wird für die gute Organisation im jeweiligen Arbeitsbereich benötigt, z. B. Einlagefächer für Schubladen, Boxen etc.?

▶ Organisation von Zeitschriften und Fachbüchern: Welche sollen archiviert werden und wie lange? Wie werden die Zeitschriften und Fachbücher gut systematisiert?

▶ Ablagesystem und Archive: Was kann und muss physisch oder elektronisch abgelegt werden?

▶ Was kann und soll abteilungsübergreifend und für das gesamte Unternehmen standardisiert werden?

Phase 3 – Sauberkeit

Auch in den Bürobereichen wird eine Grundreinigung des gesamten Bereichs vorgenommen. Dabei sollen auch das Archiv, Regale, Schränke und Schreibtische innen und außen gereinigt werden.

Gruppenarbeit:

▶ Identifiziere den Bedarf für eine Grundreinigung.

▶ Bereinige deine Laufwerke und E-Mails.

▶ Identifiziere Vorkehrungen, sodass das Reinigungspersonal auch tatsächlich reinigen kann (Stichwort: freie Schreibtischflächen, Fensterbänke und Bodenbereiche).

▶ Definiere Vorgehensweisen, die sicherstellen, dass Daten und E-Mails in Zukunft organisiert werden.

Phase 4 – Standardisieren

In dieser Phase werden einfache Regeln und Richtlinien erarbeitet und in One-Page-Standards zusammengestellt, welche von allen Mitarbeitern als sinnvoll und nachvollziehbar erachtet werden. In den Bürobereichen werden entsprechend denselben Fragestellungen wie im 5S-Umsetzungsmodell in der Produktion One-Page-Standards eingeführt. Manche Unternehmen integrieren in Phase 4 auch die Erarbeitung von Arbeitsstandards in den jeweiligen 5S-Bereichen.

Phase 5 – Selbstdisziplin

Die Zertifizierung und die Einführung von 5S-Runden sowie die Bewertungen folgen der in Kapitel 5 erläuterten Vorgehensweise. Auch in den Bürobereichen stellen 5S-Runden sicher, dass ein hoher Standard an Ordnung und Sauberkeit eingehalten und an kontinuierlicher Verbesserung gearbeitet wird. In der Praxis hat sich beispielsweise bei der WIBERG GmbH, gezeigt, dass der Prozess der Veränderung von Verhaltens- und Arbeitsweisen schwieriger und langwieriger umzusetzen ist als in Produktions-, Logistik- oder produktionsnahen Bereichen.

Einige Erfolgskriterien zur Einführung von 5S in den Bürobereichen
 · Unterstützung durch die Geschäftsführung und Eigentümer,
· Brainstorming, welche Themen zur Bearbeitung sinnvoll und auch zeitlich möglich sind,
· Auswahl von Pilotbereichen mit hohem Erfolgspotenzial,
· Einbeziehung aller – es ist ein Veränderungsprozess!,
· Zuordnung der Verantwortlichkeiten für 5S zur Linie und somit der jeweiligen Führungskraft,
· unternehmensspezifische Anpassung des 5S-Konzepts zur Umsetzung.

Speziell in Bereichen, bei denen eine Kombination aus beiden 5S-Umsetzungsmodellen, Produktion und Bürobereiche, für die Einführung notwendig ist, wird nicht nur die Komplexität für den 5S-Manager während der Umsetzung erhöht, sondern auch das Arbeitspensum jedes einzelnen Mitarbeiters im jeweiligen 5S-Bereich. Dies führt zu häufigeren Widerständen als in den eindeutig zuordenbaren Bereichen. Beispielhaft eine kurze Darstellung über die Einführung von 5S in der Abteilung Qualitätssicherung bei dem Unternehmen aus Beispiel 2, der WIBERG GmbH. Die Qualitätssicherung besteht aus mehreren organisatorischen Einheiten, wie Laborbereiche, Rohmanagement, Lebensmittelsicherheit und Lebensmittelrecht. Die Laborbereiche und das Rohmanagement verwendeten das Produktionsmodell zur Einführung, die anderen Bereiche das Modell für die Bürobereiche. Die Abgrenzung ist allerdings in diesen Bereichen nicht eindeutig, sodass die Definition der Schnittstellen eine wesentliche Bedeutung und in der Umsetzung eine entsprechende Herausforderung darstellte. Die Workshops wurden an den jeweiligen 5S-Terminen so organisiert, dass abwechselnd jeweils die Hauptaktivitäten aus beiden Umsetzungsmodellen bearbeitet wurden. Zudem gab es zu Beginn Bedenken, ob die Einführung von 5S in diesem Bereich überhaupt notwendig ist. Daraufhin folgte eine längere Zeit der Überzeugungsarbeit, die Einführung zumindest zu versuchen. Die Einstellung änderte sich bereits während der Umsetzung von Phase 1.

Ferner konnten noch funktionstüchtige, jedoch nicht mehr verwendete Gerätschaften und Arbeitsutensilien einem guten Zweck zugeführt werden. In Bezug auf die Einführung von One-Page-Standards wurde eine Lösung ähnlich einem Patensystem für einzelne Gerätschaften, Räume und Schränke erarbeitet, die auch Regeln zur Reinigung beinhalten. In den Bürobereichen wurden ein zentraler Büromaterialschrank und eine allgemeine Bibliothek mit Fachbüchern und Zeitschriften eingerichtet. Abschließend ist festzuhalten, dass in der Zwischenzeit die Qualitätssicherung ein Best-Practice-Bereich für 5S ist und eine wichtige Vorreiterfunktion für den Rollout der weiteren Bürobereiche darstellte. Ein wichtiges und positives Element war, dass während der Einführung von 5S in der Qualitätssicherung die Bedenken beseitigt und Widerstände aufgelöst werden konnten.

Gewonnene Erkenntnisse:

▶ Die Einführung von 5S bringt auch in den Bürobereichen sehenswerte und effizienzsteigernde Ergebnisse.

▶ Es ist möglich, 5S als eine Verknüpfung vom Produktions- und Büromodell in kombinierten Bereichen einzuführen.

▶ Kritischer Erfolgsfaktor ist die abteilungsspezifische Auswahl der Themenbereiche zur Bearbeitung in den Gruppenarbeiten.

11 Mit 5S – die Reise zu TQM, Lean Management und Business Excellence

WORUM GEHT ES?

5S ist als Grundbaustein der Qualitätskonzepte in den 60er Jahren entwickelt worden. Wer das Konzept einführt, wird erfahren, dass 5S nicht nur Ergebnisse in Bezug auf Ordnung und Sauberkeit bringt, sondern auch ein Katalysator für andere wichtige Themen wie die Fehlervermeidung, die Prozessstandardisierung, die Reduktion von Verschwendung und die Kultur für ständige Verbesserungen ist.

Die grundlegenden dahinter liegenden Konzepte sind Total Quality Management (TQM) und Lean Management. Nach Hummel/Malorny (2011) wird TQM als der umfassendste Qualitätsansatz gesehen, der für ein Unternehmen denkbar ist. Jeder der drei Buchstaben steht für einen wesentlichen Grundpfeiler:

T (Total) steht für das Einbeziehen aller Mitarbeiter, aber insbesondere auch der Kunden und Lieferanten, weg vom Denken in isolierten Funktionsbereichen. Ziel ist immer ein gesamtheitlicher Ansatz.

Q (Quality) steht für die Qualität der Arbeit und der Prozesse, aus denen heraus die Qualität der Produkte erwächst.

M (Management) betont die Aufgabe der Führung, die permanent höchste Qualität vorlebt, fordert und auch fördert (z. B. durch Schulungen).

Als Literatur hierzu sei auf die Pioniere der Qualitätsbewegung Deming, Juran und Crosby verwiesen, die vor allem in den 80er Jahren die intensive Beschäftigung mit Qualitätsmanagement von nordamerikanischen und europäischen

Unternehmen beeinflusst haben. Allen drei war gemeinsam, dass sie sich intensiv mit der japanischen Industrie auseinandergesetzt haben. Im deutschsprachigen Raum waren es die Professoren Bühner, Kamiske, Zink und Wildemann (Kamiske 2010), die sich sowohl in der universitären Forschung als auch in der praktischen Umsetzung mit TQM beschäftigten. Die Ganzheitlichkeit des Konzepts als Führungsmodell wird am Ende dieses Kapitels mittels dem EFQM-Modell beschriebenen, das TQM greifbar und operationalisierbar macht.

Das Konzept des Lean Management beruht zum überwiegenden Teil auf den Ausführungen von T. Ohno zum Organisations- und Produktionssystem von Toyota. Im Fokus stehen im Wesentlichen zwei Themen:

▶ Der Produktionsprozess – der Ort der eigentlichen Wertschöpfung – steht im Mittelpunkt der Betrachtung. Daraus folgt eine unterschiedliche Anschauung von fertigungstechnischen und arbeitsablaufbezogenen Strukturen.
▶ Ein gesamtheitliches Managementkonzept ergänzt und bettet den Produktionsprozess in den gesamten Wertschöpfungsprozess optimal ein.

Im Lean Management gibt es im Wesentlichen folgende Unterschiede zu herkömmlichen Systemen für Produktion und Management (Kamiske/Brauer 2008):

▶ Die Produktion als zentraler Ort der Wertschöpfung und des Gewinns,
▶ Identifizierung und Eliminierung der sieben Arten der Verschwendung, die in jedem Unternehmen auftreten,
▶ Ausrichtung des Unternehmens an den Kundenanforderungen, die das Qualitätsniveau definieren,

▶ Qualitätszirkel auf allen Ebenen des Unternehmens,
▶ Mehrfachqualifikation bei allen Mitarbeitern,
▶ Poka Yoke zur nachhaltigen Vermeidung von Fehlern durch entsprechende Vorkehrungen,
▶ JIT und Kanban zur Reduzierung der Bestände und Durchlaufzeiten,
▶ Total Productive Maintenance als neues Instandhaltungskonzept, bei dem der Maschinenbediener weitreichende Aufgaben übernimmt, um Maschinenausfällen vorzubeugen.

Wie viele Manager in Europa haben die Autoren dieses Buches in den vorgestellten Unternehmen mit der Einführung von 5S eine Reise in Richtung TQM oder Lean Management – und sogar Business Excellence – begonnen. Reise bedeutet in diesem Zusammenhang, dass nach einem übergeordneten Plan mit mittel- und langfristigen Zielen nach und nach Werkzeuge und Konzepte im Unternehmen umgesetzt werden. Eine solche Reise ist einerseits spannend und lehrreich und wird gute Ergebnisse hervorbringen, andererseits birgt sie große Herausforderungen und erhebliche Anstrengungen. Die auf 5S aufbauenden Werkzeuge und Konzepte sind komplexer und anspruchsvoller und erfordern zusätzliche Trainings sowie aktives Engagement von allen Linienverantwortlichen, insbesondere von der Geschäftsführung. Dabei wird auch die Zusammenarbeit quer durch das Unternehmen auf die Probe gestellt, denn TQM und Lean Management kann nur in einem ganzheitlichen Ansatz erfolgreich umgesetzt werden. Auch Kunden und Lieferanten werden in die Konzepte einbezogen. Schließlich soll und muss immer der Kunde von einer solchen Implementierung profitieren. Dies kann durch eine reduzierte Fehlerquote, eine verbesserte Lieferpünktlichkeit sowie kürzere Lieferzeiten erfolgen.

WAS BRINGT ES?

Die Ergebnisse einer solchen Implementierung sind nicht unbedingt so schnell sichtbar wie bei 5S. Allerdings haben sie direkten Einfluss auf die Wertschöpfung des Unternehmens in Form von verkürzten Durchlaufzeiten, verbesserter Qualität, geringerer Kapitalbindung und höheren Erlösen. Die Qualität der Unternehmensprozesse beeinflusst nachhaltig die gesamte Wertschöpfungsstruktur. Durch die Betrachtung der Prozessqualität verringert sich der Fehlleistungsaufwand und führt zur Kostenreduktion (Hummel/Malorny 2011). Außerdem steigert die höhere Produktqualität Umsatz und Marktanteile, wenn sie in Form überlegener Produktmerkmale und Dienstleistungen vom Kunden wahrgenommen werden.

Diese Reise ist darüber hinaus eine Möglichkeit, grundlegende Veränderungen durchzusetzen, weil die Konzepte sich auch stark mit den Mitarbeitern, deren Einbeziehung, Arbeitsweise und Organisation beschäftigen. Letztendlich kann dadurch die Kultur eines Unternehmens nachhaltig beeinflusst und entwickelt werden.

WIE GEHE ICH VOR?

Spätestens zum Abschluss einer erfolgreichen 5S-Einführung sollten folgende Fragen gestellt werden:

▶ Wie können wir Verschwendung und Fehler nachhaltig vermeiden?
▶ Wie können wir auch komplexe Prozesse analysieren und nachhaltig verbessern?

▶ Wie sehen grundsätzlich ideale Arbeitsabläufe im Unternehmen aus?

▶ Wie können wir einen stetigen Fluss von Rohwaren, Komponenten, Halbfertig- und Endprodukten in unseren Produktions- und Logistikbereichen erreichen?

▶ Wie entwickeln wir eine Kultur für kontinuierliche Verbesserung?

Hier bieten TQM und Lean Management mit seinen umfangreichen Baukasten von Konzepten und Werkzeugen viele Lösungen an.

Viele, meist große Industrieunternehmen, haben in Anlehnung an das Toyota-Produktionssystem unter Berücksichtigung der strategischen Ziele ein auf das eigene Unternehmen zugeschnittenes Modell entwickelt, wie beispielsweise Mercedes das MPS, Bosch das BPS und Fischer das FPS. Die meisten Produktionssysteme beinhalten eine Auswahl der Werkzeuge und Konzepte, die im Lean Haus in Bild 2 in Kapitel 1 beschrieben sind. Ein Produktionssystem beschreibt das Regelwerk und die eingesetzten Werkzeuge, nach denen die Prozesse in einem produzierenden Unternehmen geordnet werden. Es geht dabei um einen ganzheitlichen Ansatz: Nicht Teilbereiche werden optimiert, sondern alle Organisationseinheiten im Zusammenspiel. Beispielsweise hat das Bosch Produktionssystem, wie die meisten dieser Systeme, höchste Effizienz mit möglichst geringem Aufwand zum Ziel.

Grundsätzlich sollte der Einsatz weiterer Werkzeuge nach 5S so gewählt werden, dass die Weiterreise für das Management und alle Mitarbeiter nachvollziehbar ist und rasch ein Gesamtverständnis entwickelt wird. Die Bausteine sind so zu wählen, dass ausgehend von den gelernten 5S-Themen diese mit Werkzeugen und Konzepten des Lean Hauses (siehe

Bild 2 in Kapitel 1) erweitert werden und der Schwierigkeitsgrad dabei steigt.

Der Start einer Reise zu Excellence könnte deshalb so aussehen:

- ▶ 5S: Fokus auf Ordnung und Sauberkeit.
- ▶ Visual Management, Wertstromanalyse und Verschwendungsreduktion: kontinuierliche Verbesserung während der gesamten Reise.
- ▶ Standardisierung: mit Schwerpunkt auf wertschöpfende Prozesse.
- ▶ Flow – Takt – Pull: Fokus auf just in time.
- ▶ Null Fehler und Poka Yoke: Fokus auf Qualität.

Einige dieser Werkzeuge und Konzepte werden nachfolgend kurz erklärt. Allerdings empfehlen wir für diese Themen zusätzliche Literatur, Fachzeitschriften oder Videos im Internet.

 Um sich kostengünstig einen ersten und doch umfassenden Überblick über weitere mögliche Themen von Lean Management zu verschaffen, eignet sich die Vergabe von studentischen Abschlussarbeiten. Sie enthalten die Theorie einschließlich der Literatur sowie Praxiselemente, z. B. in Form eines Benchmarkings.

Visuelles Management

Eine ideale Ergänzung zu 5S ist das Sichtbarmachen von Prozessen, Informationen, Fahr- und Gehwegen und Lagerflächen durch visuelles Management. Allen Mitarbeitern und Kunden können so die Vorteile und Ergebnisse nach der Einführung von Lean Management-Werkzeugen und -Konzepten gut vermittelt werden. Mithilfe von Visualisierungswerkzeugen lässt sich ein Prozess schnell, einfach und sicher verstehen, ausführen und steuern.

Darüber hinaus erfüllt es die Anforderungen moderner Informationsgestaltung im betrieblichen Umfeld. Daten und Fakten werden so einfach wie möglich aufbereitet, aber zugleich so umfangreich wie nötig vermittelt. Wichtig ist auch hier der Grundsatz der Standardisierung: gleiche Farben für gleiche Prozesse, gleiche Symbole für gleiche Botschaften.

Beispiele sind Bodenmarkierungen, welche Abstellflächen und Wege für Mitarbeiter, Stapler oder Besucher markieren, aber auch Materialflüsse definieren.

Ein Farbkonzept mit Symbolen zur Visualisierung von Materialflüssen soll in Gruppenarbeiten entwickelt werden: z. B.
- Blau: Stellfläche mit minimaler und maximaler Belegung
- Grün: Gehwege
- Schwarz: Fahrwege für Stapler
- Grün: Fehlerteile und Quarantäne
- Rot: Gefahrenstelle

Zur Visualisierung können auch elektronische Laufbandanzeigen oder Bildschirme verwendet werden, so genannte Andon Boards, die über Aktuelles aus dem Betriebsgeschehen informieren, wie z. B. geplante Fertigungsaufträge, Erfüllungsgrad der Fertigungsaufträge, erreichte Stückzahlen pro Zeiteinheit oder Versandpositionen. Auch Maschinenstatistiken bieten interessante Visualisierungsmöglichkeiten, wie z. B. Standzeiten, Taktzeiten und Reparaturhäufigkeiten. Die Visualisierung dieser Art von Information hat immer auch Motivationseffekte: Ist die Leistung der Abteilung besser als im Vormonat, besser als die andere Abteilung oder über Plan?

Standardisierte Stellwände, wie beispielhaft in Bild 27 dargestellt, mit allgemeinen Informationen und Aushängen zur Organisation des Bereichs, Kennzahlen mit den Monats-, Plan- und Tagesleistungen sowie eine Übersicht über die laufenden Aktivitäten im Bereich spiegeln sowohl nach außen als auch nach innen einen offenen Umgang wider und zeigen damit Transparenz, Verantwortung und Vertrauen.

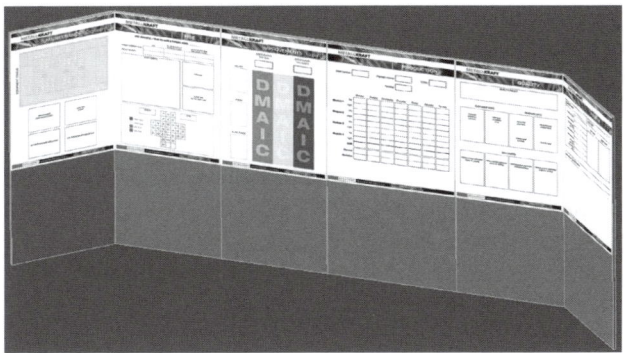

Bild 27: *Produktionsvisualisierung (Quelle: Kristensen & Kroslid)*

Wertstromdesign

Ein weiteres wesentliches Instrument, das sich zur Weiterentwicklung nach 5S anbietet, ist das Wertstromdesign zur Prozessanalyse und -visualisierung. Wertstromdesign verbindet die Analyse des Material- und Informationsflusses mittels der Aufnahme eines Ist- und der Erarbeitung eines Soll- oder Ideal State-Prozesses.

Wesentlich ist, dass alle Prozesse unterteilt werden in solche die wertschöpfend und solche die nicht wertschöpfend sind. Wertschöpfende Prozesse veredeln ein Produkt oder einen Rohstoff. Ein interner Transport schafft beispielsweise keine Wertschöpfung.

Der große Vorteil der Vorgehensweise besteht darin, dass durch die gleichzeitige Darstellung von Informations- und Materialflüssen, wie in Bild 28 dargestellt, Zusammenhänge transparent und Verbesserungsmöglichkeiten für alle Beteiligten schnell offensichtlich werden. Das Wertstromdesign verwendet eine einheitliche Symbolsprache, welche erlernt werden muss. Allerdings ist die Anwendung ohne großen Aufwand durchführbar, weil dazu nur Papier und Bleistift notwendig sind.

Durch die Anwendung von Wertstromdesign rücken viele Lean-Management-Prinzipien in den Fokus, wie z. B. die sieben Arten der Verschwendung, das Pull Prinzip oder der kontinuierliche Fluss.

Wichtig sind gemeinsame Trainings mit den Mitarbeitern am Ort des Geschehens. Dort werden die Symbole des Wertstromdesigns erlernt und gleichzeitig erste einfache Wertströme erstellt. In gemeinsamen Arbeitsgruppen werden die Hintergründe zum Wertstromdesign und komplexere Prozesse zur Analyse erarbeitet. Erst wenn die Mitarbeiter sich in der Vorgehensweise sicher fühlen, werden die Soll- oder Ideal-State-Wertströme erarbeitet. Als Verantwortliche für die Anwendung eignen sich die Mitarbeiter, die sich im Rahmen der 5S-Tätigkeiten schon bewährt haben. Wichtig ist auch hier die Einbeziehung der Führungskräfte, um erarbeitete Maßnahmen aus den Soll-Prozessen umzusetzen (siehe Lindner/Becker 2010).

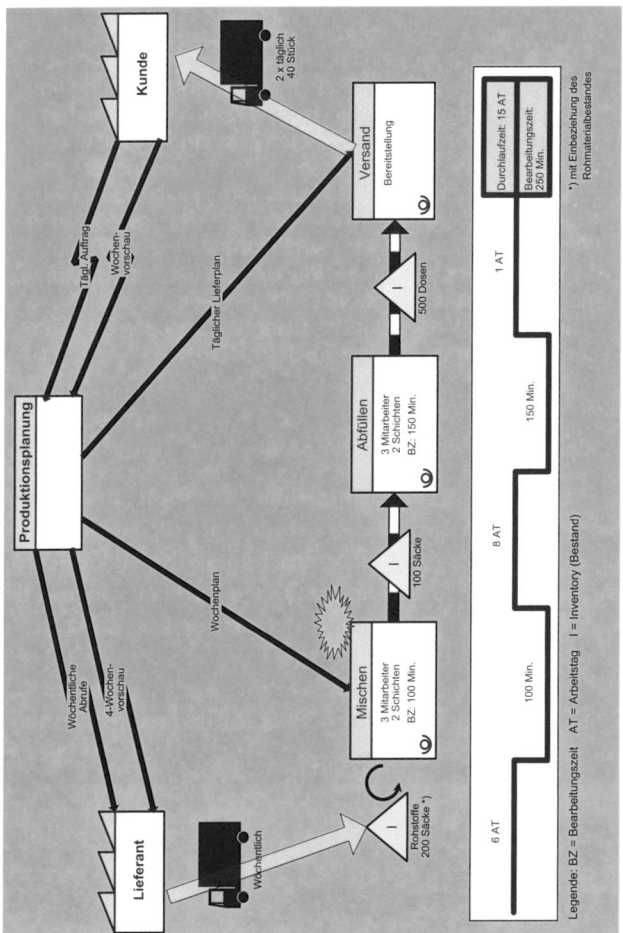

Bild 28: *Wertstrom mit Informations- und Materialfluss*
(Quelle: WIBERG GmbH)

Nach der Einführung von 5S in den produktiven und logistischen Bereichen bei der WIBERG GmbH wurde mit dem Training und der Umsetzung von Wertstromdesign begonnen. In der Praxis hat sich bewährt, die Trainings in mehreren kleineren Zeiteinheiten mit gleichzeitiger Aufnahme der Prozesse am Ort des Geschehens vorzunehmen. Wie bei der Einführung von 5S haben sich Wertstrom-Verantwortliche in der Linie bewährt, welche den Wertstrom-Manager in der Durchführung unterstützen und die weitere Verwendung des Werkzeuges gewährleisten. Begleitende Qualifizierungsmaßnahmen, wie beispielsweise Trainings zur Moderation in Kleingruppen oder Präsentationstechniken sind obligatorisch.

Reduktion von Verschwendung

Taiichi Ohno (1982), der Erfinder des Toyota Production Systems, hat gesagt: „Alles, was wir tun ist, die Zeit zwischen dem Auftragseingang durch den Kunden bis zu dem Moment, wenn die Rechnung bezahlt wird, zu betrachten. Und während dieser Zeitspanne entfernen wir nachhaltig nicht wertschöpfende Tätigkeiten." Als Leitlinie bieten sich dabei die anerkannten sieben Verschwendungsarten an, wie in Tabelle 10 dargestellt: Überproduktion, Überbestände, unnö-

Verschwendungsart	Erläuterung
Ausschuss/Nacharbeit	Alle Produkte, die beim ersten Versuch nicht in Ordnung sind
Bestände	Jedes Lager an Roh-, Halb- und Fertigwaren
Bewegungen	Greifen, tragen, gehen, sich drehen
Transport	Transport von A nach B
Überproduktion	Jede Produktion, die größer ist als die Bestellung des Kunden
Prozessverlust	Falscher oder fehlerhafter Prozess
Wartezeit	Warten auf Material, Information, Mitarbeiter

Tabelle 10: *Die sieben Verschwendungsarten (Reitz 2008)*

tige Materialbewegungen und Transporte, Wartezeiten, ineffiziente Arbeitsprozesse, unnötige Bewegungen und fehlerhafte Teile und Produkte.

Standardisierte Arbeit

Standardisierte Arbeit hat zum Ziel, die Arbeitsschritte in einem Prozess zu vereinheitlichen. Das heißt, dass wiederkehrende Arbeitsschritte immer auf die gleiche Art und Weise ausgeführt werden und zwar von allen Mitarbeitern. Untersuchungen in der Industrie haben ergeben, dass es hier massive Unterschiede gibt: überraschenderweise im Zeitverlauf bei demselben Mitarbeiter und innerhalb eines Teams.

Standardisierte Arbeit ist ein effektives Werkzeug, um Verschwendung zu reduzieren, planbare Standardzeiten zu erreichen und eine stabile Qualität zu produzieren. Ein Prozessstandard soll den besten, einfachsten und sichersten Weg eines Prozessablaufs dokumentieren und darstellen und beinhaltet mindestens detaillierte Beschreibungen von Prozessaktivitäten und Parameterwerten. Oft wird dieses Dokument als „Standard Operating Procedure" bezeichnet – oder einfach SOP. Ein dokumentierter Prozessstandard soll aktualisiert werden, wenn bessere Lösungen gefunden werden – meistens durch kontinuierliche Verbesserungsaktivitäten. Außerdem hilft er, den Zusammenhang von Ursache und Wirkung zu erkennen. Beispielsweise war für McDonald's oder Burger King die Standardisierung ihrer Produkte und Prozesse die Basis für ihre marktführende Position.

Die klassische Vorgehensweise für die kontinuierliche Verbesserung und die Absicherung durch Standardisierung ist der Deming- oder PDCA-Zyklus.

Plan, Do, Check, Act umfasst den ständig wiederkehrenden Kreislauf von Planen, Ausführen, Überprüfen und Umsetzen. Dies erfolgt nicht am Schreibtisch, sondern am Ort des Geschehens („Gemba"). Der Mitarbeiter mit seiner Kenntnis der Situation am Arbeitsplatz steht dabei im Mittelpunkt.

Plan: Der jeweilige Prozess muss vor seiner eigentlichen Umsetzung geplant werden. Plan umfasst das Erkennen von Verbesserungspotenzialen, in der Regel durch die Mitarbeiter oder Teamleiter vor Ort, die Analyse des aktuellen Zustands sowie das Entwickeln eines neuen Konzepts.

Do: Ausführen bedeutet entgegen weitverbreiteter Auffassung nicht die Einführung und Umsetzung auf breiter Basis, sondern das Ausprobieren, Testen und praktische Optimieren des neuen Konzeptes mit schnell realisierbaren, einfachen Mitteln, wie z. B. provisorischen Vorrichtungen an einem einzelnen Arbeitsplatz.

Check: Der im Kleinen realisierte Prozessablauf und seine Resultate werden sorgfältig überprüft und bei Erfolg für die Umsetzung als Standard freigegeben.

Act: In der Phase Act wird der neue Standard eingeführt, festgeschrieben und mittels Audits regelmäßig auf Einhaltung überprüft. Hier handelt es sich tatsächlich um eine Aktion, die im Einzelfall umfangreiche organisatorische Aktivitäten, wie z. B. Änderung von Arbeitsplänen und Stammdaten, die Durchführung von Schulungen, die Anpassung von Aufbau- und Ablauforganisation sowie erhebliche Investitionen an allen vergleichbaren Arbeitsplätzen in allen Werken umfassen kann.

Die Verbesserung dieses Standards beginnt wiederum mit der Phase „Plan", wie in Bild 29 ersichtlich.

Trainings zum Thema Standardisieren sind obligatorisch. Neben der Theorie des PDCA-Zyklus sind Moderations-

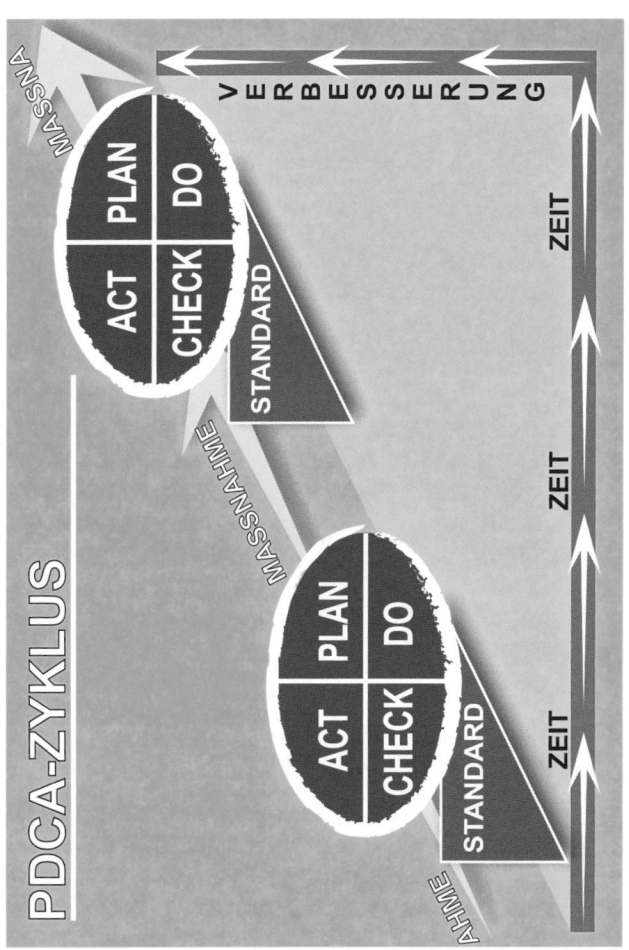

Bild 29: *PDCA-Zyklus*

techniken und Werkzeuge zur Prozessvisualisierung notwendig.

Wichtig beim Setzen von Standards ist, dass diese auch eingehalten werden und die Nichteinhaltung sanktioniert wird. Sollten Standards nicht eingehalten werden können, müssen die Führungskräfte die Befolgung durch weitere Trainings sicherstellen oder eine entsprechende Überarbeitung veranlassen.

Flow – Takt – Pull

Hinter diesem Ausdruck verbirgt sich einer der bekanntesten Begriffe aus dem Lean Management: just in time oder in der Kurzform JIT. Grundgedanke dieser Hauptdimension des Lean-Management-Ansatzes ist, jedes Material in der gerade benötigten Menge, in der richtigen Qualität und zur richtigen Zeit verfügbar zu haben. Richtige Zeit bedeutet, nicht später als benötigt, da es sich dann um eine verspätete Lieferung handelt, aber auch nicht früher als notwendig, da sonst Lagerkapazitäten und Kapital gebunden werden.

Es gibt eine Menge Lean-Management-Werkzeuge und -Konzepte, die sich mit JIT beschäftigen. Anfängern wird empfohlen, eine Auswahl zu treffen. Ein gutes Beispiel ist das in Kapitel 1 vorgestellte Lean-Haus, das die drei Werkzeuge Flow, Takt und Pull enthält.

Flow: Das Hauptziel von Flow ist es, einen kontinuierlichen Fluss im Prozess zu schaffen. Wenn es einen kontinuierlichen Fluss gibt, werden auftretende Probleme sofort sichtbar. Hat man diesen Fluss nicht, werden diese Probleme durch Pufferlager und suboptimale Durchlaufzeiten aufgefangen, die Ursachen der Probleme jedoch nicht behoben.

Takt: Der ideale Takt einer Produktion ergibt sich aus der

Kundenanforderung. Zielsetzung ist, den Produktionstakt so zu setzen, dass alle Kundenaufträge genau erfüllt werden: ohne Überproduktion, ohne Pufferlager zwischen den einzelnen Stationen, ohne Stress für Mensch und Maschine. Beim idealen Takt sind Zeiten für Wartung, Reinigung oder Besprechungen zu berücksichtigen.

Pull: Wenn der externe oder auch interne Kunde einen vorgelagerten Prozess, d.h. eine Produktion anstößt, spricht man vom Pull-Prinzip. Oft nennt man dies auch Zuruf- oder Hol-Prinzip. Das Gegenteil ist das Push-Prinzip, das eine planbare Produktion mit konstantem Kundenbedarf, zuverlässigen Lieferanten und Maschinen mit höchster Verfügbarkeit voraussetzt. In den immer volatiler werdenden Märkten setzt sich mehr und mehr das Pull-Prinzip durch, bei dem nur das produziert wird, was der Kunde tatsächlich benötigt. Zudem vereint es hohe Flexibilität bei geringer Durchlaufzeit und niedriger Kapitalbindung. Kanban mit seiner Kartenlogik ist ein einfaches, aber effizientes Pull-Werkzeug. T. Ohno (1982) beschreibt die Idee von Kanban wie folgt: „Es müsste doch möglich sein, den Materialfluss in der Produktion nach dem Supermarkt-Prinzip zu organisieren, das heißt, ein Verbraucher entnimmt aus dem Regal eine Ware bestimmter Spezifikation und Menge; die Lücke wird bemerkt und wieder aufgefüllt".

Poka Yoke

Poka Yoke bedeutet wörtlich übersetzt „unglückliche Fehler vermeiden". Beispiele aus dem Privatleben sind das Vergessen der Kreditkarte am Bankautomaten oder die Betankung des Autos mit dem falschen Treibstoff. Das Erste wird dadurch verhindert, dass das Geld erst ausgegeben wird, wenn die Kreditkarte entnommen wurde. Im zweiten Fall sind die Tank- und Einfüllstutzen so standardisiert, dass nur die entsprechende Kombination passt. Im Produktionsbereich sind bei der Anwendung von Poka Yoke meist kostengünstige technische Hilfsmittel im Einsatz, die dafür sorgen, dass Fehlhandlungen im Fertigungsprozess nicht zu Fehlern am Endprodukt führen. Als Erfinder gilt Shigeo Shingo (1986), dessen Ziel es war, Fehler nicht erst in der Endprüfung zu entdecken und mit entsprechenden Kosten zu beseitigen, sondern Fehler gar nicht erst entstehen zu lassen.

Kaizen – Die Lean-Basisphilosophie

Obwohl 5S in den Phasen vier und fünf selbst auch ein klares Element von kontinuierlicher Verbesserung hat, liegt das Hauptaugenmerk von 5S auf Ordnung und Sauberkeit. Kaizen beruht auf dem Prinzip der kontinuierlichen Verbesserung durch kleine Schritte. Auch der Toyota Weg beruht auf dieser Philosophie.

Die Grundbotschaft von Kaizen, das in den 80er-Jahren vor allem durch das Buch „Kaizen" von Imai (1986) große Popularität erlangte, ist die ständige Verbesserung in kleinen Schritten durch alle Mitarbeiter. Kaizen geht davon aus, dass es kein Unternehmen ohne Verbesserungspotenzial gibt. Kaizen hilft durch Etablierung einer Unternehmenskultur dieses Potenzial zu realisieren, in der jeder ungestraft Probleme eingestehen kann, die es jedoch zu bearbeiten und zu lösen gilt. Es ist Aufgabe der jeweiligen Führungskräfte, die Rahmenbedingungen sicherzustellen, um Kaizen, die kontinuierliche Verbesserung des Status quo in kleinen Schritten, zu ermöglichen.

Zur Umsetzung der Bausteine bedarf es einer entsprechenden Organisation: Qualitätszirkel haben sich als ideale Plattform für die Einführung und Umsetzung von kontinuierlicher Verbesserung bewährt. Zum einen deshalb, da die Linienorganisation besonders bei der Einführung neuer Werkzeuge und Konzepte oft nur zögerlich mitwirkt und zum anderen, da das klassische Projektmanagement bei langfristig angelegten Veränderungsprozessen oft zu kurz greift.

In den Qualitätszirkeln, auch als Problemlösungsgruppen oder Lernstatt bezeichnet, können die Denkweise von Kaizen und die Phasen vier und fünf des 5S-Konzepts gut verinnerlicht und produktiv genutzt werden. Der Mitarbeiter soll erkennen, dass er an der ständigen Verbesserung mitarbeiten darf und soll.

Ein Qualitätszirkel ist vor allem durch folgende Merkmale gekennzeichnet:

▶ eine auf unbestimmte Zeit angelegte Arbeitsgruppe,
▶ in der maximal sechs bis acht Mitarbeiter,
▶ in regelmäßigen zeitlichen Abständen,
▶ auf freiwilliger Basis während der Arbeitszeit zusammenkommen und,
▶ unter Anleitung eines geschulten Moderators,
▶ Lösungen zur Verbesserung des eigenen Arbeitsbereichs erarbeiten und umsetzen.

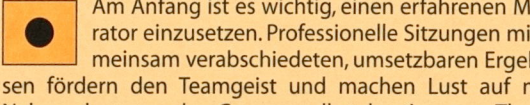

Am Anfang ist es wichtig, einen erfahrenen Moderator einzusetzen. Professionelle Sitzungen mit gemeinsam verabschiedeten, umsetzbaren Ergebnissen fördern den Teamgeist und machen Lust auf mehr. Neben den von der Gruppe selbst bestimmten Themen sollen auch immer wieder Problemstellungen durch die Führung in den Qualitätszirkel eingebracht werden, damit die Bindung zu den Unternehmenszielen nicht verloren geht. Qualitätszirkel sollten innerhalb der jeweiligen Abteilung durchgeführt werden, damit die Linienorganisation nicht unterlaufen wird und sich Widerstand bildet. Abteilungsübergreifende Themen sollten weiter als Projekte definiert werden.

Beim Arbeitsmaterial für die Gruppenarbeiten sollte nicht gespart werden: Moderatorenkoffer, Pinnwand, Flipchart und ein Raum für Gruppenarbeiten (U-Form) mit Projektor demonstrieren den Mitarbeitern den Stellenwert ihrer Aktivitäten.

Wichtig ist, dass die Führungskräfte die Zirkel als Investition in die Zukunft sehen. Fokus auf kurzfristige Erfolge, mangelndes Feedback oder Ignoranz durch die Führung werden die Aktivitäten solcher Gruppen schnell zum Erliegen bringen.

Der Check: Das EFQM-Modell

Nach der Einführung von 5S werden sich vor allem das Topmanagement und die Lean-Verantwortlichen fragen: Was kommt jetzt? Und wie weit bin ich schon auf dem Weg zu einem hervorragenden Unternehmen?

Neben den beschriebenen Werkzeugen und zur Schärfung des Qualitätsgedankens bietet es sich an, das eigene Unternehmen einer bewährten Überprüfung zu unterziehen:

▶ Wie gut ist das Unternehmen jetzt wirklich?
▶ Wo gibt es Verbesserungsbereiche bzw. Lücken?
▶ Bringen die Maßnahmen auch die gewünschten messbaren Erfolge?

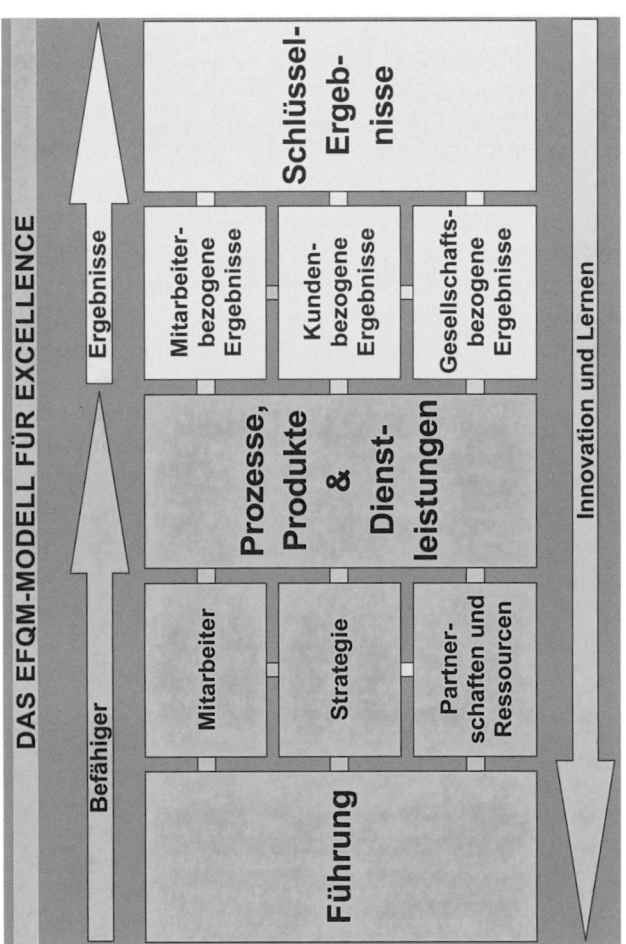

Bild 30: *EFQM-Modell*

Das EFQM-Modell (Radtke/Wilmes 2002), neben anderen wie z. B. dem amerikanischen Pendant „Malcolm Baldrige National Quality Award", bietet Antworten auf diese Fragen. Das Modell, wie in Bild 30 ersichtlich, ist so aufgebaut, dass sowohl die Bewertung der „Befähiger" (z. B. Führung, Werkzeuge wie 5S und Wertstromdesign, Strategie) sowie die „Ergebnisse" (z. B. Ertrag, Mitarbeiter- und Kundenzufriedenheit) einfließen. Das Modell geht weiter wie die ISO-Standards im Qualitätsmanagement, vor allem weil die Zusammenhänge zwischen den eingeleiteten Maßnahmen und deren Ergebnisse entscheidend für die Bewertung sind. Auch wenn der Aufwand relativ hoch ist, lohnt es sich, da man dadurch ein gesamthaftes Feedback über das Unternehmen erhält. Nach den Modellkriterien wird jährlich auch der europäische Qualitätspreis vergeben, welcher sich auch in vielen nationalen Qualitätspreisen wiederfindet.

5S hat sich in der Praxis als idealer Start für die Reise in Richtung eines exzellenten Unternehmens bewährt. Die Auseinandersetzung mit weiteren Werkzeugen und Konzepten, insbesondere mit dem Entwurf und der Einführung eines eigenen Produktionssystems nach dem Toyota-Vorbild oder dem Check durch das europäische Qualitätsmodell EFQM zeigen, wie lange die Reise zum exzellenten Unternehmen noch sein kann. Dadurch werden die nächsten Schritte aufgezeigt, um das Unternehmen auf ein höheres Niveau von kontinuierlicher Verbesserung zu bringen. Um maßgeschneiderte Lösungen in den eigenen Reihen zu implementieren, muss jedes Unternehmen auf der langen und beschwerlichen Reise zur Excellence oder sogar Weltspitze seinen eigenen Weg beschreiten und finden.

Wir wünschen eine spannende und erfolgreiche Reise!

Literatur

Al-Radhi, M.; Malorny, C.: Total Producitve Management. Hanser, 2002

Doppler, K.; Lauterburg, C.: Change Management. Campus, 2008

Füermann, T.; Dammasch, C.: Prozessmanagement. Hanser, 2008

Gapp, R.; Fisher, R.; Kobayashi, K.: Implementing 5S within a Japanese context: an integrated management system. Management Decision (2008), Vol. 46, Nr. 4, S. 565–579

Göppel, R.: Lean Office: Prinzipien des Lean Management in Bürobereichen. Steinbeis-Transferzentrum Managementsysteme. Online: http://www.tms-ulm.de, 2011

Gorecki, P.; Pautsch, P.: Lean Management. Hanser, 2010

Harriman, F.: The Japan 5S. Online: http://www.finishing.com/3400-3599/3545.shtml, 2010

Hartmann, E. H.: Effiziente Instandhaltung und Maschinenmanagement. Redline, 2007

Hirano, H.: 5s for Operators: 5 Pillars of the Visual Workplace. Productivity Press, 1998

Hummel, T.; Malorny, C.: Total Quality Management. Hanser, 2011

Imai, M.: Kaizen. The Key to Japan's Competitive Success, The KAIZEN Institute, 1986

Imai, M.: Kaizen. Der Schlüssel zum Erfolg im Wettbewerb. Econ, 2001

Japan Human Relations Association: CIP-Kaizen-KVP. Productivity Press, 1994

Kamiske G. F.: Als TQM nach Deutschland kam … aus der Sicht eines Zeitzeugen. Lehmann Media, 2010

Kamiske, G. F.; Brauer, J.-P.: ABC des Qualitätsmanagements. Hanser, 2008

Kostka, C.; Mönch, A.: Change Management. Hanser, 2009

Kostka, C.; Kostka, S.: Der Kontinuierliche Verbesserungsprozess. Hanser, 2011

Liker, J.: The Toyota Way. McGraw-Hill, 2004

Lindner, A.; Becker, P.: Wertstromdesign. Hanser, 2010

Magnusson, K.; Kroslid, D.; Bergman, B.: Six Sigma umsetzen. Hanser, 2003

Malorny, C.; Langner, M. A.: Moderationstechniken. Hanser, 2007

Ohno, T.: Workplace Management. Productivity Press, 1982

Ohno, T.: Toyota Production System. Beyond Large Scale Production. Productivity Press, 1988

Osada, T.: The 5S's: Five Keys to a Total Quality Environment. Asian Productivity Organisation, 1991

Panskus, G.; Thieme, F.: Das deutsche 5S-Arbeitsbuch. Velbert, 2007

Peterson, J.; Smith, R.: The 5S Pocket Guide. Productivity Press, 1998

Radtke P.; Wilmes D.: European Quality Award. Hanser, 2002

Reitz, A.: Lean TPM. mi-Fachverlag, München, 2008

Shingo, S.: Zero Qualiy Control. Productivity Press, Cambridge 1986

Sobek, D. K.; Smalley, A.: Understanding A3 Thinking: A Critical Component of Toyota's PDCA Management System. Productivity Press, 2008

Suzaki, K.: Modernes Management im Produktionsbetrieb. Hanser, 2002

Winkler, Ch.: 5S in der Praxis – Einführung am Beispiel der Firma WIBERG unter Berücksichtigung der LEAN Management Philosophie und Vergleich anhand eines Benchmarking. Fachhochschule Regensburg, 2010

Wittenstein, A. K. et al.: Lean Office 2006. Fraunhofer-Institut, 2006

Zink, K. J.: TQM als integriertes Managementkonzept. Hanser, 1995